全民科普 创新中国

海上武器巨无霸

冯化太◎主编

汕头大学出版社

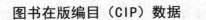

图书在版编目（CIP）数据

海上武器巨无霸 / 冯化太主编. -- 汕头 ：汕头大学出版社，2018.8

ISBN 978-7-5658-3705-0

Ⅰ．①海… Ⅱ．①冯… Ⅲ．①海军武器－世界－青少年读物 Ⅳ．①E925-49

中国版本图书馆CIP数据核字(2018)第163986号

海上武器巨无霸　　HAISHANG WUQI JUWUBA

主　　编：冯化太
责任编辑：汪艳蕾
责任技编：黄东生
封面设计：大华文苑
出版发行：汕头大学出版社
　　　　　广东省汕头市大学路243号汕头大学校园内　邮政编码：515063
电　　话：0754-82904613
印　　刷：北京一鑫印务有限责任公司
开　　本：690mm×960mm　1/16
印　　张：10
字　　数：126千字
版　　次：2018年8月第1版
印　　次：2018年11月第1次印刷
定　　价：35.80元
ISBN 978-7-5658-3705-0

前言
PREFACE

习近平总书记曾指出："科技创新、科学普及是实现创新发展的两翼，要把科学普及放在与科技创新同等重要的位置。没有全民科学素质普遍提高，就难以建立起宏大的高素质创新大军，难以实现科技成果快速转化。"

科学是人类进步的第一推动力，而科学知识的学习则是实现这一推动的必由之路。特别是科学素质决定着人们的思维和行为方式，既是我国实施创新驱动发展战略的重要基础，也是持续提高我国综合国力和实现中华复兴的必要条件。

党的十九大报告指出，我国经济已由高速增长阶段转向高质量发展阶段。在这一大背景下，提升广大人民群众的科学素质、创新本领尤为重要，需要全社会的共同努力。所以，广大人民群众科学素质的提升不仅仅关乎科技创新和经济发展，更是涉及公民精神文化追求的大问题。

科学普及是实现万众创新的基础，基础更宽广更牢固，创新才能具有无限的美好前景。特别是对广大青少年大力加强科学教育，使他们获得科学思想、科学精神、科学态度以及科学方法的熏陶和培养，让他们热爱科学、崇尚科学，自觉投身科学，实现科技创新的接力和传承，是现在科学普及的当务之急。

近年来，虽然我国广大人民群众的科学素质总体水平大有提高，但发展依然不平衡，与世界发达国家相比差距依然较大，这已经成为制约发展的瓶颈之一。为此，我国制定了《全民科学素质行动计划纲要实施方案（2016—2020年）》，要求广大人民群众具备科学素质的比例要超过10%。所以，在提升人民群众科学素质方面，我们还任重道远。

我国已经进入"两个一百年"奋斗目标的历史交汇期，在全面建设社会主义现代化国家的新征程中，需要科学技术来引航。因此，广大人民群众希望拥有更多的科普作品来传播科学知识、传授科学方法和弘扬科学精神，用以营造浓厚的科学文化气氛，让科学普及和科技创新比翼齐飞。

为此，在有关专家和部门指导下，我们特别编辑了这套科普作品。主要针对广大读者的好奇和探索心理，全面介绍了自然世界存在的各种奥秘未解现象和最新探索发现，以及现代最新科技成果、科技发展等内容，具有很强的科学性、前沿性和可读性，能够启迪思考、增加知识和开阔视野，能够激发广大读者关心自然和热爱科学，以及增强探索发现和开拓创新的精神，是全民科普阅读的良师益友。

目 录
CONTENTS

突击力强大的驱逐舰

　　驱逐舰是一种多用途的军舰，也是19世纪90年代至今的海军重要的舰种之一。该舰以导弹、鱼雷、舰炮等为主要武器，具有多种作战能力。

　　驱逐舰是海军舰队中突击力较强的舰种之一，用于攻击潜艇和水面舰船、舰队防空以及护航、侦察巡逻警戒、布雷、

袭击岸上目标等,是现代海军舰艇中用途最广泛、数量最多的舰艇。

驱逐舰装备有对空、对海、对潜等多种武器,具有多种作战能力。它的排水量在2000~9000吨之间,航速在30~38节,能执行防空、反潜、反舰、对地攻击、护航、侦察、巡逻、警戒、布雷、火力支援以及攻击岸上目标等作战任务,有"海上多面手"称号。

在19世纪70年代,出现了一种专门发射鱼雷的可以摧毁大型军舰的鱼雷艇,为了对付这种颇具威力的小型舰艇,英国于1893年建成了"哈沃克"号,这是一种被称为"鱼雷艇驱逐舰"的军舰。

"鱼雷艇驱逐舰"设计航速26节，装有一座76毫米火炮和3座47毫米火炮，能在海上毫无困难地捕捉鱼雷艇。该舰携带3枚450毫米鱼雷，专门用于攻击此类敌舰。德国海军发展的同类型的军舰则称为大型鱼雷艇。

随着更多的驱逐舰进入各国海军服役，驱逐舰开始安装较重型的火炮和更大口径的鱼雷发射管，并采用蒸汽轮机作为动力。英国江河级驱逐舰已发展成伴随主力舰队的护航舰艇，英国部族级驱逐舰开始使用燃油作为燃料。编队使用的驱逐舰已经成为海军舰队的主要突击兵力，它们在打击敌人鱼雷舰艇的同时还要对敌舰队实施鱼雷攻击。

此时的驱逐舰的特征可以概括为：标准排水量1000~1300吨，航速30~37节，采用燃油蒸汽涡轮机动力装置，装备88~102毫米舰炮以及450~533毫米鱼雷发射装置2~3座。

事实上，从本质而言，此时的驱逐舰就是一种大型的鱼雷艇，通过第一次世界大战的战火，驱逐舰取代了鱼雷艇而成为一种海上鱼雷攻击的主力，从存在意义上"驱逐"了鱼雷艇。

在第一次世界大战中，驱逐舰携带鱼雷和水雷，频繁进行舰队警戒、布雷以及保护补给线的行动，并装备扫雷工具作为扫雷舰艇使用，甚至直接支援两栖登陆作战。

驱逐舰首次在大规模战斗中发挥主要作用是1914年英、德两国海军发生的赫尔戈兰湾海战。1917年德国发动无限制潜艇战，驱逐舰安装深水炸弹充当反潜舰，成为商船队不可缺少的护航力量。

随着战争的发展，驱逐舰已经具备了多用途性，逐渐向大型化方向发展，所装备的武器也更强。到20世纪20年代，各国海军的驱逐舰尺度不断增加，标准排水量也增加为1500吨以上，并装备上120~130毫米口径火炮、533~610毫米口径鱼雷发射管。

第二次世界大战中，没有任何一种海军战斗舰艇用途比驱逐舰更加广泛。战争期间的严重损耗使驱逐舰又一次被大批建造，英国利用J级驱逐舰的基本设计不断改进建造了14批驱逐舰，美国建造了113艘弗莱彻级驱逐舰。同时在战争期间，驱逐舰成为名副其实的"海上多面手"。

另外，由于当时飞机已经成为重要的海上突击力量，驱逐舰又装备了大量小口径高炮担当舰队防空警戒和雷达哨舰的任务，这就导致了加强防空火力的驱逐舰出现。

针对严重的潜艇威胁，旧的驱逐舰通过改造后都投入到反潜和护航作战之中，所以，有些国家又建造出大批以反潜为主要任务的护航驱逐舰。

第二次世界大战结束后，驱逐舰发生了巨大的变化，驱逐舰因其具备多功能性而备受各

国海军重视。以鱼雷攻击来对付敌人水面舰队的作战方式已经不再是驱逐舰的首要任务。反潜作战上升为其主要任务，鱼雷武器主要被用做反潜作战，防空专用的火炮逐渐成为驱逐舰的标准装备，而且驱逐舰的排水量不断加大。

20世纪50年代，美国建造的薛尔曼级驱逐舰以及超大型的诺福克级驱逐舰就体现了这种趋势。自60年代以来，随着飞机与潜艇性能提升以及导弹的逐步应用，对空导弹、反潜导弹被安装到驱逐舰上，舰载火炮不断减少并且更加轻巧。

1967年，以色列海军"埃拉特"号驱逐舰被反舰导弹击沉，攻击水面舰艇的任务又成为驱逐舰的重要任务。燃气轮机开始取代蒸汽轮机作为驱逐舰的动力装置。为搭载反潜直升机而设置的机库和飞行甲板也被安装到驱逐舰上。

为了控制导弹武器，也由于无线电对抗的需要，驱逐舰开始安装越来越多的电子设备。例如美国的亚当斯级驱逐舰，英国的郡级驱逐舰，苏联的卡辛级驱逐舰，已经演变成较大而又耗费颇多的多用途导弹驱逐舰。

到20世纪70年代，作战信息控制以及指挥自动化系统、导弹垂直发射装置、用来防御反舰导弹的小口径速射炮开始出现在驱逐舰上，驱逐舰越发地复杂而昂贵了。

21世纪，现代驱逐舰装备有防空、反潜、对海等多种武器，既能在海军舰艇编队担任进攻性的突击任务，又能担任作战编队的防空、反潜护卫任务，还可在登陆、抗登陆作战中担任支援兵力。至于在作战中担任巡逻、警戒、侦察、海上封锁和海上救援任务，更是不在话下。

拓 展 阅 读

　　驱逐舰最早只是一种力量单薄的小型舰艇，专门发射鱼雷摧毁大型军舰。随着时代的发展，驱逐舰逐步从力量单薄、只有几门小炮、防护几乎为零的舰艇，变成了一种多用途的大中型军舰。

美国朱姆沃尔特级驱逐舰

　　朱姆沃尔特级驱逐舰是美国海军新一代多用途对地打击"宙斯盾"舰。本级舰从舰体设计、电机动力、网络通信、侦测导航、武器系统等，无一不是全新研发的尖端科技结晶，是美国海军的新世代主力水面舰艇。

　　2013年10月28日，首舰"朱姆沃尔特"号在马里兰州巴斯钢铁造船厂下水，2015年12月7日开始海试，2016年10月15日正式服役。

　　朱姆沃尔特级驱逐舰采用先进而全面的隐身设计使其拥有潜艇般的隐身性，该舰使用了低矮外形的隐身设计，并涂有雷达波吸收材料，在海上作业时被发现的概率远低于10%。

　　朱姆沃尔特级驱逐舰的舰面上只有一个单一的全封闭式船艛结构，即称为整合式复合材料船艛与孔径，这是一个一体成型的模块化结构，采用重量轻、强度高、雷达反射性低且不会锈蚀的复合材料制造，整体造型由下往上向内收缩以降低雷达反射截面。

　　朱姆沃尔特级驱逐舰是美国海军建造的最大吨位的驱逐舰，与其他美国舰艇不同，该舰上层建筑采用碳纤维材料和智能蒙

皮，把所有的电子信息系统全部整合到舰船表面的蒙皮里，并集成了大量雷达天线。

本级舰采用名为整合式防卫系统（ISDS）的分散式高整合度舰载战斗系统，以其为核心，联接整合式宽频主被动声呐、主动相控阵雷达与电子战系统。

与过去的作战系统将不同感测器与不同武器所需要的输出和输入系统分别配置的做法不同，ISDS整合控制了所有的舰上装备，一如人体大脑对肢体的控制，概念与第五代战斗机类似。同时在动力系统、雷达系统、武器系统、反潜系统等方面全面领先世界其他驱逐舰。

    静音设计方面，本级舰的动力系统装置在减震浮筏上，以降低被潜艇声呐发现的概率。由于WTM船体低阻力的穿浪特性，加上种种先进的降噪措施减振，本级舰称能将水面航行时的噪音降至110分贝左右，相当于后期型的洛杉矶级攻击核潜艇，是全世界最安静的水面舰艇。

    该舰全长185米，与现役的驱逐舰相比更为庞大。舰上装有用于对陆攻击的155毫米先进舰炮系统，可发射火箭增程炮弹，射程接近160千米。

    本级舰配备数种垂直发射的对地攻击导弹，包括战斧巡航导弹、战术型战斧巡航导弹、对地型标准导弹以及先进对地导弹，涵盖不同等级的射程范围并满足不同的需求。

本级舰拥有两个直升机库，可配备两架MH-60R近海作战直升机，或者由一架MH-60R直升机搭配3架诺格公司的垂直起降战术空中载具的组合。

由于该舰采用了大量计算机和自动控制系统，舰上的舰员数量仅约现役驱逐舰上舰员数量的一半。更为关键的是，海军将大量先进技术，例如全新的船型、计算机控制、全电力推进、新型雷达以及新型舰炮等整合到了一艘舰上。

也正式因此，该项目曾一度由于经费大量上涨而濒临搁浅。最终，海军决定只建造3艘该级舰艇："朱姆沃特"号是该舰的第一艘，舰号DDG-1000；第二艘是"迈克尔·蒙苏尔"号，舰号为DDG-1001；第三艘是"林登·约翰逊"号，舰号为DDG-1002，目前只有"朱姆沃特"号已经服役。

拓展阅读

由于本级舰以对地攻击为主要任务，且不需要担任区域防空任务，因此仅配置短程武器以供自卫。防空部分，以垂直发射的海麻雀近程防空导弹作为主要的防御自卫装备。其折叠弹翼的设计使每个发射管可装入4枚此型导弹。

美国阿利·伯克级导弹驱逐舰

　　阿利·伯克级为"宙斯盾"驱逐舰，顾名思义为装备"宙斯盾"武器系统的驱逐舰。首舰舷号为DDG51，所以亦称为DDG51级。阿利·伯克级已发展为3型。第Ⅰ型为前27艘，第Ⅱ型为7艘，第ⅡA型为29艘。伯克级的使命是用于航母编队和其他机动编队的护航，它是一级以防空为主的多用途大型导弹驱逐舰。

　　该级舰的具体任务是在高威胁海区担负航母编队的防空、反潜护卫和对海作战任务；在高威胁海区担负水面作战编队的防空、反潜护卫和对海作战任务；为两栖作战编队和海上补给编队担负防空、反潜护卫和对海作战任务；对岸上重要目标用"战斧"巡航导弹进行常现打击和核打击。

　　DDG51级是世界上第一级装备"宙斯盾"武器系统的驱逐舰，"宙斯盾"系统的核心是SPY-1D多功能相控阵雷达。该系统可同时高速搜索、跟踪处理多目标，并具有同时引导多枚导弹进行对空拦截的能力，为DDG51级对付空中饱和攻击创造了必要的技术前提。

　　DDG51级装备了两组MK41型导弹垂直发射系统，艏部装4

个模块，备弹29枚；艉部装8个模块，备弹61枚，总备弹量90枚。"标准"舰空弹、"战斧"巡航导弹和垂直发射的"阿斯洛克"反潜导弹混合装载。"标准"导弹的备弹量足以对付两次空中饱和攻击。

由于采用垂直发射技术，发射率可达到每秒1发，与常规发射架相比，大大缩短了反应时间，并且同样的空间至少可多贮存25%的导弹。

SDY-1D多功能相控阵雷达配合3部SPG-62目标照射雷达，再结合能全方位、高发射率的MK41型导弹垂直发射系统，使DDG51级成为世界上第一级能够对付空中饱和攻击的驱逐舰。

DDG51级装备的"战斧"巡航导弹使驱逐舰的使命已远远超出了护卫防御的范围。"战斧"导弹使DDG51级驱逐舰具有强大的远程对陆攻击能力，也可以成为一种具有核攻击能力的舰种。它使驱逐舰的使命和使用价值获得了重大突破，其意义十分深远。

DDG51级的动力装置选用的是美国GE公司的LM2500燃气轮机。航速可达32节，续航力4400海里。DDG51级的船型设计改变了美国驱逐舰的传统线型，明显吸取了苏联驱逐舰船型的优点，例如加大了舰的宽度；采用了丰满的水线面；水线以上明显外飘；首部采用V形剖面等。这些船型特点改善了DDG51级的耐波性。

DDG51级的作战系统采用了总线结构分布处理式的作战系统，采用这种方式的作战系统避免了一次命中丧失舰的全部作

战效能的可能性。DDG51级是美国海军中首次采用分布式作战系统的舰艇。

DDG51级的作战情报中心从美国传统的舰桥内移至主船体内，左右两舷设置过道，更增加了作战情报中心的安全性。通信中心也移至主船体内。DDG51级是美国海军首次采用集中防护系统的舰艇。

DDG51级是美海军首次应用数据多路系统作为舰上数据传输新方法的舰艇。数据多路系统是一个将所有主要控制操纵台连接在一起，并向它们提供舰上信息的通信总线，数据以很高的速度在数据多路系统总线上顺次传输的，每个控制操纵台利用这些信息提供状态报告、控制、预警等。

数据多路系统是冗余系统，操纵台之间的通信分布在两条总线上进行，如果有一条总线失效，另一条总线就承担全部通信任务。

数据多路系统降低了舰艇对战斗损伤的敏感性，并使DDG51级电缆的重量大为减轻，单独敷设的数千米长的电缆被5根沿舰的全长延伸的同轴电缆所代替，这使该舰与其分系统都能自由扩展或改变。

由于数据多路系统的冗余度和灵活易于扩展配置的优点，对舰艇的高速数据传输、处理具有重大的意义。

阿利·伯克级是一级以编队防空为主，并具有很强的对岸对海攻击能力的驱逐舰，IIA型改进为设两个机库，携带两架"海鹰"直升机后，其编队区域反潜能力得到了显著的加强。2002年以后，该级舰成为世界上首批具有战区弹道导弹防御能力的驱逐舰。

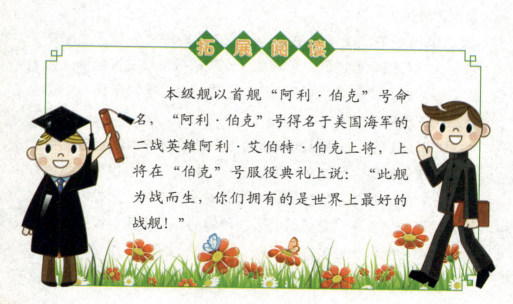

拓展阅读

本级舰以首舰"阿利·伯克"号命名，"阿利·伯克"号得名于美国海军的二战英雄阿利·艾伯特·伯克上将，上将在"伯克"号服役典礼上说："此舰为战而生，你们拥有的是世界上最好的战舰！"

英国最新锐的勇敢级驱逐舰

　　勇敢级驱逐舰，又称45型驱逐舰，是英国皇家海军隶下的新一代防空导弹驱逐舰。本级舰的导弹系统，配备性能优异的桑普森相控阵雷达和S1850M远程雷达，并采用集成电力推进系统，是世界上现役最先进的驱逐舰之一。

　　勇敢级驱逐舰的排水量为7200吨，是英国在二战后建造的最大型驱逐舰，在设计上拥有足够的预留空间，可确保其在寿命周期内进行性能提升时不需要太大地修改舰身结构，以节约建舰成本。

　　勇敢级驱逐舰采用模块化建造方式，不仅减少了建造时间与成本，而且以后维修、改良也十分方便。为了对抗北大西洋上恶劣的风浪，该舰舰炮的前方设有大型挡浪板，还在垂直发射系统的前方和两侧设置一圈颇高的挡墙来隔绝大浪以及导弹发射产生的火焰。

　　动力系统方面，英国采用革命性的整合式全电力推进系统，其中包含两具革命性的WR-21中段冷却再加热燃气涡轮机组，两具WR-21的最大并连输出功率为43兆瓦，即57600马力。除了主要燃气涡轮发电机之外，还配备两组2兆瓦，即

2862马力级柴油辅助发电机。

　　在传统推进系统中，船舰主机系直接通过减速齿轮箱与推进器连接，而该舰则打破这种直接耦合关系，主燃气涡轮只带动主发电机，与辅助柴油发电机的电力一同送入整合输配电网，并由数字化的输配电系统实施控制，而带动推进器的电动机只是输配电网之中的一个终端。

　　在高速航行时，燃气涡轮带动的主发电机自然将主要功率都用于推进电机，而辅助的柴油发电机则可在低速作业时提供推进以及船舰本身辅助系统所需的电力，使燃气涡轮得以停机节省油料。勇敢级驱逐舰的战斗系统由指挥系统与其他若干战斗系统装备等部件组成，通过开发的资料传输系统与舰上各系统连接。该系统大约拥有25个多功能显控台，不仅速度比传统

集中式系统快，而且部分系统失效后仍不会丧失所有功能。

　　勇敢级驱逐舰的通信、导航等电子系统以及雷达，能对船舰操舵、航行与运转实施自动化中央监控，并随时计算船舰位置、速率与运作机能给舰上其他相关系统，此外也提供精确导航、视觉或纯仪器导航、海上避碰、监视水面与近水面空中物体功能。

　　勇敢级驱逐舰最重要的武装主要是防空导弹系统。其中舰载雷达部分，是由英国航太防卫公司研发的桑普森主动式多功能相控阵雷达，此型雷达的技术层次与性能都十分优异，很多方面比肩甚至超越美国宙斯盾舰艇的雷达。

　　除此之外，勇敢级驱逐舰还装有一具旋转式对空搜索雷达做为主雷达的辅助，负责远程对空搜索与平面监视。

武装方面，第一批3艘勇敢级驱逐舰的舰首配备6组八联装A-50垂直发射器，混合装填紫菀防空导弹。垂直发射器空间再装置8组八联装美制MK-41垂直发射系统。

舰炮方面，皇家海军在该舰装置两门DS-30机炮，作为本级舰近距离防空、反水面自卫武器，设置在上层结构两侧。DS-30射速达每分钟650发，反水面射程达10千米，防空射程3千米。2011至2015年，又加装两门美制密集阵MK-15近迫武器系统，设置在舰舯两侧。

在未来，英国皇家海军还准备在该级舰配备速度45节、射程11千米、最大攻击深度750米、弹头重35千克的隐藏在两舷舱门内的两组双联装固定式鱼雷发射器轻型反潜鱼雷。反潜鱼雷采用电力推进，主、被动声呐寻标器导引，对敌舰有极大的杀伤力。

拓展阅读

勇敢级驱逐舰原定建造12艘，但由于英国皇家海军经费持续缩减，最终只建造6艘。分别是："勇敢"号，2009年7月服役；"不屈"号，2010年6月服役；"钻石"号，2011年5月服役；"飞龙"号，2011年8月服役；"卫士"号，2013年3月服役；"邓肯"号，2013年12月服役。

苏联无畏级驱逐舰

无畏级驱逐舰，是苏联建造的以反潜为主要任务的大型舰艇，在苏联海军中是一种独立的舰种，苏联称之为1155型大型反潜舰。本级舰以舰队远洋作战为主要职责，为舰队提供反潜保障，并可执行攻势反潜，但无远程反舰能力。

苏联的电子、武备比较落后，在一艘舰艇上很难兼顾反潜、防空和反舰，1155型反潜舰的任务是负责反潜和防空。为了保证舰艇的安全，苏联还建造了另一艘驱逐舰956型负责反舰。这样两舰分任反潜、反舰任务，在火力上能压倒美国海军的两艘斯普鲁恩斯级驱逐舰。

无畏级驱逐舰的船体为长首楼型，上层建筑分首、中、尾不连续的三段。首端的舷弧比较平坦，有利于首端甲板人员的行动和操作；首部和中部干舷较高，水线以上至折角线明显外飘；水线面面积较大，尾部水线面尤为宽大。

全舰结构趋于紧凑，布局简明，主要的防空、反潜装备集中于舰前部，中部为电子设备，后部为直升机平台，整体感很强。它汲取了西方国家的设计思想，改变了以往缺乏整体思路，临时堆砌设备的做法，使舰体外形显得整洁利索。

　　无畏级驱逐舰的动力设计采用两套M-9型全燃动力系统，最大输出功率为61000马力，由于苏联当初尚不具备制造大功率变距桨的能力而采用定距螺旋桨。通过定距桨和可逆转齿轮箱结构与液力耦合器的配合，使得1155舰在航行中亦可完成直接倒车。

　　无畏级驱逐舰的前两艘装备2部MR-320对空对海警戒雷达，3部"伏尔加河"型对海警戒导航雷达，2部"提高"型舰空导弹火控雷达，1部MR-114"列夫"舰炮炮瞄雷达，2部MR-123三角旗型火控雷达，2部"圆屋"空中战术导航雷达，1部"飞屏"直升机进场引导雷达。

　　另外，无畏级驱逐舰还搭载1部MG-342"猎户座"型中低频搜索、攻击舰壳声呐，1部MG-335"铂"型可变深拖曳声呐，用于主动搜索。电子战系统方面，设有2个"足球B"天线，含有电子侦察和干扰功能；设有2个"酒杯"天线，可进行超视距电子侦察，具有高分辨率。"半杯"型激光告警系统，用于测定激光源的参数和坐标，并告警。

　　无畏级驱逐舰以反潜为最主要的武装，早期舰只为2座URPK-3"暴雪"型四联装箱式反潜导弹发射装置，射程55千米，每座配弹4枚；战斗部为AT-2UM型反潜鱼雷。改型导弹系统使用85RU型导弹，战斗部为UMGT-1型400毫米鱼雷。

　　为了摧毁水面舰艇，改型导弹还配备热寻的引导头，在火箭吊舱里装备烈性炸药，作为反舰导弹使用。为了同时攻击水下和水面目标，两种配置的导弹一般一座发射架里各配备两枚。另配备8组垂直发射的3K95"匕首"舰对空导弹，每一组是一个圆柱形的垂直发射装置，发射装置每一组内贮弹8枚，总备弹量为64枚。

　　无畏级驱逐舰还搭载2架卡－27A"蜗牛"直升机，设固定式升降机库2个，机库的右舷设有1部"飞屏"直升机进场引导雷达。平台上另备有8座10管干扰火箭发射器，尾部主甲板左右舷设水雷导轨2条，可载水雷30枚。

　　本级舰原计划建造15艘，实际开始建造13艘，取消2艘，现役8艘，1艘封存，4艘退役。末舰"恰巴年科夫海军上将"号改装后称之为无畏Ⅱ级驱逐舰。

拓 展 阅 读

　　无畏级驱逐舰首舰"无畏号"于1976年4月14日加入苏联海军建造序列，1977年7月23日在加里宁格勒州的杨塔尔造船厂开工，1980年2月5日下水，1980年12月31日服役。1981年1月24日加入北方舰队。

俄罗斯无畏Ⅱ级驱逐舰

　　俄罗斯无畏Ⅱ级驱逐舰是俄海军新型多用途驱逐舰，是目前俄罗斯海军唯一的一艘多用途驱逐舰，能遂行防空、反舰、反潜和护航等任务。此舰为无畏级最后一艘。俄方称该舰在任何方面都不逊于美国的阿利·伯克级驱逐舰。

　　无畏Ⅱ级驱逐舰舰长163.5米，宽19.3米，标准排水量7400吨，满载排水量8900吨，航速30节，其续航能力在20节的速度时，可行驶6000海里。

　　早在无畏级驱逐舰开工建造的同时，苏联北方设计局就已经考虑在无畏级的基础上改进设计一型具备综合战斗能力的新型战舰。

　　针对无畏级暴露出的反舰能力严重不足的缺陷，决定以该舰为基础，沿用956型驱逐舰的130毫米舰炮和"白蛉"反舰导弹作为反舰攻击的主要武器，对该舰的近防设备也进行系统升级改进。

　　改进工程被编号为1155.1，也称无畏Ⅱ级驱逐舰。

　　无畏Ⅱ级驱逐舰设计上几乎照搬1155型反潜舰的基本舰型和舰上布局，动力装置由两台巡航燃气轮机和两台加速燃气

轮机组成，排水量因为换用不同的武器与电子设备而增加到
7400吨。

　　该级舰舰艏处一号炮位换用一座AK-130舰炮作为反舰和
对陆火力支援武器，二号炮位的AK-100舰炮被四座PK-10"大
胆-P"十管火箭干扰弹发射器取代。

　　舰桥最前方的"季风"制导雷达被一部"矿物"主/被动
复合探测雷达替代，两舷换用两座发射"白蛉-M"反舰导弹
的KT-190四联装反舰导弹发射架。

　　舯部两侧原先的AK-630六管近防炮被两座3M87"短剑"弹

炮合一近防武器系统替代，该系统由两座30毫米六管速射炮和八枚9M311防空导弹组成，依靠一套3P87型火控雷达引导。

反潜火箭深弹发射器换为"蟒蛇-1"型，保留两架舰载直升机，但根据不同任务需求配置反潜用卡-27PL和侦察搜救用卡-27RS直升机各一架。

该舰原先的"多项式"声呐系统被改进型所取代，由一部安装于舰艏整流罩内的"青铜"低频搜索攻击舰壳声呐和舰艉一部中低频可变深度拖曳阵列声呐组成。

无畏Ⅱ级驱逐舰综合作战能力很强，其反潜实力更为突出，有"世界反潜能力之王"的美誉。

其反潜武器主要有SS-N-15反潜导弹和两架卡-25A或卡-27反潜直升机。卡-27是目前世界上最先进的反潜直升机。由于共轴双旋翼有着先进的性能，卡-27机动性好，易于操纵，能在较小的舰艇上使用。

该机装有406毫米自导鱼雷，即使在低温条件下也不需预热，可迅速发射。这款鱼雷采用65千赫主动音响近炸引信，声呐自导系统截获目标的最大距离580米，最大定深300米。该鱼雷最大的优势在于足以摧毁现有的各种潜艇。

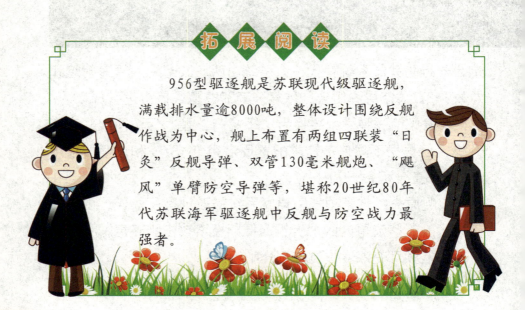

拓 展 阅 读

956型驱逐舰是苏联现代级驱逐舰，满载排水量逾8000吨，整体设计围绕反舰作战为中心，舰上布置有两组四联装"日灸"反舰导弹、双管130毫米舰炮、"飓风"单臂防空导弹等，堪称20世纪80年代苏联海军驱逐舰中反舰与防空战力最强者。

中国052C型驱逐舰

052C型驱逐舰又称旅洋Ⅱ级驱逐舰，是中国人民解放军海军的一型防空导弹驱逐舰，首舰"兰州"号于2005年9月服役，本级共6艘。主要作战使命是负责作战编队的防空、反潜作战以及配合其他舰艇进行反舰攻击。

"兰州"号驱逐舰是中国第一艘采用垂直发射系统和相控阵雷达的大型驱逐舰，是中国海军第一代装备相控阵雷达、垂直发射系统的防空型导弹驱逐舰，被誉为"中华神盾"。本级舰的服役，使中国海军第一次拥有了远程区域防空能力。

052C兰州级"中华神盾"驱逐舰是在052B型驱逐舰的基础上改进设计，采用国产第一种具有垂直发射能力的防空导弹系统和类似于美国"宙斯盾"系统的有源相控阵雷达，具备了区域防空能力。反舰导弹采用新一代反舰导弹系统YJ-62，射程达到了280千米，有较强的反舰能力。

兰州级最引人注目之处，就是舰桥四周加装了四具大型的固定式相位阵列雷达天线。兰州级上层结构呈八面体，往上朝内倾斜15度，而与中心轴线呈45度夹角的四个倾斜面各安装一具阵列天线，这种配置与美国伯克级导弹驱逐舰类似。

052C舰下水之际，四个雷达的位置都以圆弧形的钢板遮住，精密脆弱的相控阵雷达不会在下水前就装上，所以这些弧形钢板是用来遮蔽雷达基座并吸收下水时的冲击力，避免基座变形受损。

052C舰完工后，雷达的天线外罩为弧形且明显向外突出。这四面雷达的面积比美国的相控阵雷达还大，采用波长较长的S波段操作，拥有较佳的远距侦测能力。

由于雷达面积大，而舰上的"海红-9"远程防空导弹又与俄制SA-N-6舰载防空飞弹有血缘关系。兰州级还安装了垂直发射的"海红-9"防空导弹系统，该系统构型沿袭俄罗斯海军的冷发射系统。

"海红-9"是"红旗-9"的海上版。"红旗-9"是中国从1980年开始发展的新一代远程防空导弹，历经十余年的漫长研发之后，"红旗-9"终于在1997年定型并开始初期少量生产，并被中国海军选择成为新一代舰载区域防空导弹。

"红旗-9"全长9米，弹重1600千克，弹头重180千克，采用十字形条状中段弹翼加上控制尾翼构型，射高5~30千米，射程6~200千米，最大飞行速度4.2马赫，导弹本身虽具有雷达波接收器，但航行控制指令并非由弹体本身计算，而是来自于发射单位。

发射单位的追踪雷达同时锁定目标与导弹，导弹将接收的雷达回波传给发射单位，由控制中心计算出航行参数再上传给导弹。

兰州级舰所用火炮型号和广州级舰上的完全一样。在舰艇

装有100毫米隐身舰炮，在舰桥前下方的平台上和舰艉直升机机库顶端各配备了两座7管30毫米近程武器防御系统，该系统可以有效对付反舰导弹、飞机、快艇，甚至大口径炮弹。

兰州级舰装备有两座三联装的7424型324毫米的"鱼-7A"型反潜鱼雷，被安装在舰尾两侧的船舷开口内，平时以舱门遮蔽。此外，该舰也装备有4座18管的多用途火箭发射装置。将会以发射金属箔条、红外干扰弹、假目标诱饵为主。

兰州级舰前方有两组四联装"鹰击-62"超音速反舰导弹发射器，与"鹰击-8"系列的四联装箱式发射装置不用，"鹰击-62"导弹首次采用了大尺寸的四联装圆筒形发射装置。

该导弹由位于舰桥顶端的"音乐台"超视距雷达进行指导，并依靠直升机完成数据传输。"鹰击-62"型反舰导弹采用捆绑式冲压发动机推进，制导方式为惯性导航、GPS修正、主动雷达末制导。该导弹采用了新型的末制导雷达，锁定距离可达30千米。

兰州级舰还装备了从俄罗斯引进的"卡-28"型反潜直升机。该机可携带包括反潜鱼雷、深水炸弹和声呐浮标在内的多种反潜武器，海上适应性较强，可在多种复杂气象条件下载距舰艇200千米的半径内执行任务。

兰州级舰具有完善的对空防御、对舰打击和反潜对抗能力，这些不同类型的武器系统被整合在了一套战术指挥系统中，它使用了中国海军第三代的新型舰载战斗系统，应该是由旅海级的"ZKJ-7"进一步发展而成，采用全分散架构以及模组化设计。

依靠中国自行开发的数据链系统，兰州级舰可以及时将战场态势通过卫星、激光、水声等方式传送给友军或战役指挥中枢，从而大大提高作战效率。

拓 展 阅 读

052C型驱逐舰共6艘，分别是"兰州"号、"海口"号、"长春"号、"郑州"号、"济南"号和"西安"号。首舰"兰州"号于2005年9月服役南海舰队，第六艘"西安"号则于2015年2月9日正式入役东海舰队。

中国052D型驱逐舰

052D型驱逐舰，又称旅洋Ⅲ级驱逐舰，是中国人民解放军海军最新一代导弹驱逐舰，为052C型驱逐舰的最新改良型，也是中国继052C型驱逐舰后又一种配备相控阵雷达与垂直发射区域防空导弹系统的现代化防空驱逐舰。

052D型驱逐舰舰长157米，舷宽19米，吃水6米，排水量7500吨，最大航速32节。首艘052D型驱逐舰"昆明"号于2012年8月28日下水，2014年3月21日正式加入中国人民解放军海军战斗序列。

052D的基本船型与布局与052C相同，但其细部构型与装备有相当显著的变化。首先，原本的100毫米舰炮被一座高度更高、隐身造型更完善的炮塔取代；此外，舰楼两侧向内收缩的角度更大，舰桥正面因而变窄，两侧安装相控阵雷达的斜面部位变大。

052D改用新型号的相控阵雷达，形状趋近为正方形，没有346型相控阵的弧形外罩，而且面积也更大；此种新相控阵雷达在2012年6月首先在"毕昇"号综合试验舰上曝光，由于取消了过去346型气冷系统的外罩，显示中国已经发展出配合主

动相控阵雷达系统的液冷系统。

液冷系统的冷却能力较大，加上天线阵面加大，因此，新相控阵雷达的输出功率与持续运作性能应优于346型雷达。

052D的后舰体轮廓与构型与052C基本相同，但尾部船楼结构有较为明显的变化，首先机库从左侧移到中间的位置，两侧增设与054A类似的封闭式小艇容舱；而用来承载517HA雷达八木天线的后桅杆也往前移，这是因为其后与机库之间的位置设置了一组垂直发射系统，要使其远离导弹喷焰。

052D的新型主炮采用国产130毫米单管舰炮，为了节省重量，在不影响结构强度的前提下，该装置大量使用铝合金组

件，具有隐身外形的炮塔采用玻璃纤维制造。新型主炮的射速介于每分钟10~40发。

052C改进型也以新型号的垂直发射系统取代原本"海红旗-9"防空导弹专用的转轮型垂直发射器，舰桥前方配置4组八联装垂直发射系统，而机库结构则装置另外4组八联装垂直发射系统，因此总共有64单元。

与先前供"海红旗-16"舰载防空导弹使用的热射式垂直发射器相比较，052D的新垂直发射管同为方格状，整体尺寸类似，但是取消了排焰道，将空间腾给导弹发射管，因此每个导弹发射槽的长、宽都增加了。

052D的新型垂直发射装置是一种通用、冷热共用舰载垂直发射器，能相容于冷发射的HHQ-9防空导弹以及其他冷热射弹种。052D除了配备HHQ-9防空导弹之外，还配备新开发完成、垂直发射的"鹰击-18"超音速反舰导弹。

近迫防御方面，052D舰桥前方仍维持一座730型30毫米近迫武器系统，但机库上方则改装一座短程防空导弹发射器，使用24联装构型。原本052C用来装置反舰导弹发射器的位置，052D则用来装置4组八联装垂直发射器。

拓展阅读

052D型驱逐舰计划建造14艘，其中"昆明"号、"长沙"号、"合肥"号、"银川"号、"西宁"号、"乌鲁木齐"号、"厦门"号、"南京"号8艘已服役，"贵阳"号、"拉萨"号、"成都"号3艘下水舾装，另有3艘在建。

攻防兼备的巡洋舰

　　通常来说，巡洋舰应是一种比驱逐舰排水量大、武器多、威力强，在海战中起骨干作用的用于远洋作战的较大型水面舰艇。在没有航空母舰的舰艇编队中，巡洋舰是编队的核心；在航母编队中，巡洋舰负责航母的侧翼掩护，并可担任旗舰。必要时可单舰进行战斗活动。

巡洋舰常作为突击兵力用于海上攻防作战、登陆编队和运输船队护航、支援登陆或执行登陆作战等。

巡洋舰无论是常规动力还是核动力一般都装备对空、对舰和反潜导弹。同时装有中小口径火炮，并载有直升机，电子设备较多，弹药数量大，作战半径较大。因此，巡洋舰有较大的威力。一般公认巡洋舰的排水量在7000吨以上。

巡洋舰主要有导弹巡洋舰、战列巡洋舰、装甲巡洋舰、穹甲巡洋舰等几种类型。

导弹巡洋舰：是指以导弹为主要舰载武器的大型军舰，它的诞生大大提高了海军的作战能力。世界上只有美国、俄罗斯拥有导弹巡洋舰。2014年5月，美国媒体公布中国将研发第一

款导弹巡洋舰055型导弹巡洋舰。

　　战列巡洋舰：一种把战列舰强大火力和装甲巡洋舰高机动结合在一起的战舰，是在装甲巡洋舰的基础上演变过来的一种功能性很强的新型主力舰。战列巡洋舰与装甲巡洋舰之间最大的区别在于武装。战列巡洋舰的主炮口径比装甲巡洋舰大。从主炮口径大小和威力方面战列巡洋舰可以与战列舰媲美，但防护装甲比战列舰薄。装甲方面省下来的重量被用在更强大的驱动装置上，这为战列巡洋舰提供了更高的速度。

　　装甲巡洋舰：也可称为铁甲巡洋舰，就是一款采取类似铁甲舰防护和火力模式的巡洋舰。装甲巡洋舰成本较高、航速不

快，但是却有强大的生存力，可以胜任海战主力舰的角色，其实用价值不言而喻。

穹甲巡洋舰：穹，在汉字里的意思是中部隆起的拱形。穹甲巡洋舰就是将平面的装甲甲板改成中间平、两边坡的穹面装甲甲板的巡洋舰。

穹甲巡洋舰将中间部位的平甲提升到了水线之上，而两边的斜甲落至水线下1.2米处。因为中央部位高出水线，即使水线处破损进水，一时也很难淹没高出水线的装甲甲板，军舰仍能保持较大的浮力；而斜延至水线下的装甲甲板的两边，成了防弹效果很好的斜面装甲，对军舰水线附近舷侧起到了较好的保护作用。

拓展阅读

未来的巡洋舰必须具备隐身功能、战区导弹防御功能、与航母和两栖舰协同作战功能及强大的对陆攻击功能。简单地说，就是要具有对空、对陆和反潜的多种作战能力，能够攻击各种目标，能够在登陆作战中进行火力支援等。

美国弗吉尼亚级巡洋舰

　　20世纪中期，随着尼米兹级核动力航母的研制成功和陆续服役，美国海军仅有的3艘核动力巡洋舰已无法满足需要。为此，美国海军提出了发展加利福尼亚级和弗吉尼亚级核动力导弹巡洋舰的计划。

　　其中，弗吉尼亚级共建造了4艘，分别为"弗吉尼亚"号、"得克萨斯"号、"密西西比"号和"阿肯色"号。其首

舰"弗吉尼亚"号于1972年开工，1974年下水，1976年9月服役。该级是美国海军第四级、也是迄今最后一级核动力导弹巡洋舰，由此成为美国海军的"绝唱"。

该级舰的主要任务是与核动力航母一起组成强大的特混编队，在危机发生时迅速开赴指定海域，为航母编队提供远程防空、反潜和反舰保护，同时也为两栖作战提供支援。

它是第一艘全综合指挥与可控制的导弹巡洋舰，具有独立或协同其他舰艇对付空中、水下和水面威胁的作战能力，可在全球范围内执行各种作战任务。该级舰各个方面的设计都从自动化考虑，因而比加利福尼亚级减少舰员100人左右。

此外，它还着重考虑了全舰的居住性，其生活条件较为舒适，有利于舰员在海上长期生活，执行作战任务。该级舰装备了美国海军当时先进的综合指控系统和武器系统，而且在建造时就考虑了今后的改装需要，在舰体尺寸等方面都留有余地。

自20世纪80年代以来，该级舰先后进行了几次改装，不但防空、反潜能力大幅提高，而且还首次具备了对地攻击能力，大大提高了该级舰执行任务的灵活性。

改装后的弗吉尼亚级舰长178.3米，宽19.2米，吃水9.6米。轻载排水量8623吨，满载排水量11300吨。该级舰动力装置为双桨双舵核动力齿轮传动蒸汽轮机推进系统：2台通用电气公司的D2G型压水冷却反应堆，总功率为51484千瓦，使用周期长达10年。该反应堆通过热交换器向减速齿轮箱提供蒸汽，使舰艇的最大航速超过30节。

该级舰为高干舷平甲板型，全舰呈细长形状，舰首部也较长，舰尾部则为凸式方尾。它的上层建筑分为首尾两部分，中间由一甲板室相连。首部为桥楼甲板，上方为一锥型塔桅，内有电子设备。舰桥设在舰长室前面，靠近作战情报指挥中心，便于舰长由其住舱直达舰桥。

舰尾部末端为直升机飞行甲板，甲板下方舰体内建有机库。机库采用套筒式机库盖，是美国海军战后第一艘采用舰体机库的巡洋舰。

弗吉尼亚级舰的武器装备有对陆武器、反舰武器和防空武器、反潜武器以及完备的计算机控制系统。

对陆武器有MK-44四联箱式"战斧"巡航导弹发射装置2座，可发射对地攻击型和反舰型"战斧"导弹。其中对地型又分为核装药型和常规弹头型。核装药型射程为2500千米，命中误差为80米；常规弹头型射程为1300千米，命中误差仅为10米。"战斧"导弹的上舰，使该级舰由海空作战的"杀手"一跃而成为对陆攻击的"远程炮手"。

反舰武器装配的是"战斧"导弹。反舰型的射程为450千米，弹头装药454千克，其射程与俄罗斯海军的"远射手"SS-N-19不相上下，主要担负远程反舰的作战任务。

该弹布置在舰桥前端的01平台上，为2座四联装发射装置。"捕鲸叉"射程为130千米，为美国海军的标准反舰武器。此外，在舰的艏艉各有一座MK-45单管127毫米舰炮，可担负辅助对海任务。

该舰的防空武器，是在艏艉各装有一座双联MK-26导弹发射装置，主要发射"标准Ⅱ"型中远程防空导弹和"阿斯洛克"反潜导弹。一般情况下装"标准Ⅱ"导弹44枚，"阿斯洛克"导弹24枚。"标准Ⅱ"型防空导弹的射程为73千米，制导精度很高。它的装备不仅大大提高了该级舰自身的防空能力，还极大地增强了美海军航母编队的整体对空作战效能；特别是增强了其在复杂电子对抗条件下远距离抗击敌反舰导弹攻击的能力。另外，舰上还装有2座"密集阵"近防武器系统，用于超低空拦截突破了外层防线的来袭导弹。

弗吉尼亚级舰的指控系统和电子装备非常先进。其作战情报中心位于舰桥下方，内设全集成的作战指挥系统。它使用公用计算机进行各种数据处理，武器分配并入指控程序，所有计算机控制均在作战情报中心内，这样有利于提高信息交换率，完善武器协调，缩短反应时间。

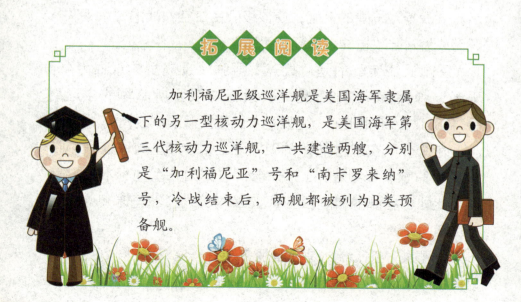

拓 展 阅 读

加利福尼亚级巡洋舰是美国海军隶属下的另一型核动力巡洋舰，是美国海军第三代核动力巡洋舰，一共建造两艘，分别是"加利福尼亚"号和"南卡罗来纳"号，冷战结束后，两舰都被列为B类预备舰。

美国提康德罗加级巡洋舰

　　提康德罗加级巡洋舰是美国建造的一种导弹巡洋舰，它装备有导弹武器和宙斯盾战斗系统，故属于宙斯盾战舰种类。该舰反应速度快，抗干扰性能强，有强大的攻击和反击能力，可拦截来自空中、水面和水下的多个目标，还可对目标威胁进行自动评估，从而优先击毁对自身威胁最大的目标。

　　提康德罗加级巡洋舰主要任务是对付编队空中饱和攻击，同时兼顾编队区域反潜和对海对岸作战的战斗力极强的巡洋舰，具体使命是担负编队的防空作战和反潜护卫任务，同时为其他编队提供空中保护，也可用来攻击敌方海上和岸上目标，支援两栖作战。

　　提康德罗加级巡洋舰是美海军首次装备"宙斯盾"系统的水面舰艇。"宙斯盾"系统的前身称为"先进的水面导弹系统"，该计划是在1963年11月提出来的，当时的主要目的是用于对付20世纪80年代的空中威胁。

　　1975年6月美国海军开始"宙斯盾"驱逐舰的设计，1976

年4月完成初步设计。1976年12月国防部长批准了在1978财政年度的预算中拨款9.38亿美元建造首舰。

1978年9月22日利顿公司的英格尔斯船厂获得了建造装备"宙斯盾"系统的第一艘军舰DDG47导弹驱逐舰的合同,由英格尔斯船厂负责施工设计与建造,要求52个月内完成施工设计与建造,即要求首舰在1983年1月完工服役。

1979年末,美海军从DDCA7舰的大小、重要性和战斗力考虑,改称为"宙斯盾"系统的导弹巡洋舰,舰号相应改为CG47,首舰命名为"提康德罗加"号。

提康德罗加级巡洋舰全长172.8米,空载排水量7015吨,续航力6000海里,常规动力。该级舰装备2组MK45-0型垂直发射装置,每组各有8个发射模块组成,每个模块又由8个发射单元组成,每组各有3个发射单元用于装弹用,因此,每组备弹61枚,共备弹122枚。其中"战斧"巡航导弹16枚,"阿斯洛克"反潜导弹为24枚,"标准"SM-2MB导弹82枚。2座三联装MK32-14型鱼雷发射管,备36枚MK46-5型反潜鱼雷。2架"海鹰"或"拉姆普斯"直升机。8座六管干扰火箭,1套"水精"鱼雷诱饵。

从2002年开始,该级舰装备127毫米64倍身长的改进型舰炮,发射GPS制导的增程制导炮弹。2座六管MK15-2型20毫米"密集阵"近程武器系统,可装高清晰度的热成像仪来跟踪小艇,布置于舯部04甲板两舷。

主要电子设备有多功能相控阵雷达、各类声呐、电子战系统、卫星通信接收机、敌我识别器等。

提康德罗加级宙斯盾导弹巡洋舰装备了世界上最先进的"宙斯盾"系统和垂直发射系统，并携载有性能优良的反舰导弹、反潜导弹和反潜直升机等武器系统，因而该级舰具有极强的作战能力。

由于舰艇携载导弹数量多，作战范围扩大，使舰艇的打击能力得以成倍提高，因此极大地增加了该级舰艇作战使用的灵活性，使得舰艇既可担负区域防空任务，又可重点担负对岸、对地、对潜攻击任务。

同时，该级舰艇充分利用"宙斯盾"系统和垂直发射系统，可全方位对付多批次目标的特点，大大增强了全舰的抗饱和攻击能力。

同时，提康德罗加级巡洋舰上的多用途垂直发射系统不仅能完成防空、反舰、反潜等综合功能，还能提供强大的对地攻击作战能力。

拓 展 阅 读

提康德罗加级舰是综合作战能力极强的导弹巡洋舰，共建造27艘，是美国海军最具代表的舰艇之一。美国海军现役巡洋舰全部都是提康德罗加级巡洋舰，可担负任一战区的信息化、立体化作战任务。

法国"科尔贝尔"号巡洋舰

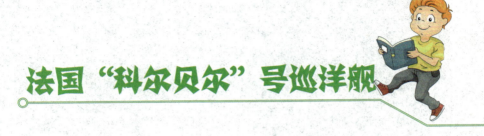

　　法国最早的"科尔贝尔"号巡洋舰建造于1927年，第二次世界大战中为防止德军夺取而在土伦港内自沉爆炸。1951年，法国海军决定在该舰原有的设计上加以改进续建，仍以"科尔贝尔"命名，这是法国海军历史上第六艘以其命名的军舰，舷号C611。

　　"科尔贝尔"号在进行改进设计时充分考虑到了舰队防空的需要及本国作战区域的实际需求，进行了若干方面的修改，其续航力指标也做了调整。

　　由于"科尔贝尔"号的水线长度减小且线型进行了优化，因此在长宽比较小的情况下，其试航最大航速仍达到了33.7节。该舰的上层建筑基本集中在长度约二分之一舰长的中部桥楼上，驾驶室和指挥舰桥是上层建筑的主要部分，位于中部靠前的位置。

　　舰桥后方依次是雷达设备室、主桅杆、后桅杆、烟囱、小艇甲板等部分，武备传感器等林立其中。"科尔贝尔"号是作为编队防空巡洋舰设计建造的，而在1950年代，海上防空最主要的武器仍是火炮，炮位布置得越密集，火力分配得越均匀，

舰只的防空作战效能也就越高。

　　该舰建成时主要的武器为8座127毫米双联装高平两用炮，前后各4座。前甲板从01甲板开始布置，渐次升高，到02甲板两舷对称布置两座。

　　后甲板则由尾部升高，到01甲板两舷对称布置两座，每层炮塔相差约半层甲板的高度，既不影响对空射击又节约了垂向布置空间，同时为副炮保留了足够的射界，前后主炮分别由位于驾驶室顶部、前主桅杆下方两侧和小艇甲板顶部的4部火炮

指挥仪引导射击。

　　此时的"科尔贝尔"号只配备中口径火炮，主要承担对空作战任务，同时兼顾一定的反舰和对地火力支援任务，因此鱼雷、深弹等其他武备均未安装。

　　1950年代中后期的舰用雷达技术已经应用较广，"科尔贝尔"号是法国海军装备雷达系统较完整的舰只之一，它在前部雷达设备室顶部有一部对海搜索雷达，主桅杆上方安装有对空搜索雷达，后桅杆安装了对空警戒雷达。

同时，由于该舰还承担了航母编队防空指挥舰的角色，因此也配备了较完善的超高频、甚高频、高频通信设备和"塔康"导航天线等。

"科尔贝尔"号服役后即作为航母防空大队的旗舰，1964年法国海军进行舰队编制改革，又升任地中海大队旗舰，以土伦港为母港，统一指挥旗下的航母、驱逐舰等各型舰只。

由于该舰是法国海军当时最新锐的大型作战舰，故备受时任法国总统戴高乐的青睐，1964年他乘该舰访问南美，1967年6月至7月又随舰访问加拿大。

但是，军事科技的飞速发展毫不留情地将这艘按照火炮时代思想建造的巡洋舰迅速抛在了后面，陈旧的火炮已经无法有效对抗越来越快的喷气式飞机了，而来自空中的核威胁也是法国不得不考虑的重要方面。

1969年，法国海军开始考虑对"科尔贝尔"号进行改装，以使这艘服役仅10年的巡洋舰能适应导弹时代的作战需求。早在1948年，法国海军就通过德国工程师进行导弹的基础研究工作，著名的"玛拉丰"反潜导弹就带有浓厚的德国血统。

1960年，由马特拉公司参考美国"小猎犬"舰空导弹研制的"玛舒卡"舰空导弹开始进行陆上发射试验，1965年小批量生产。"玛舒卡"性能接近于"小猎犬"导弹，采用两级串联，最大射程45千米，射高23000米，战斗部重100千克，最大速度每小时2815千米。

"玛舒卡"导弹系统的全套设备重达450吨，由制导雷达、电子机柜、操控台、导弹、双臂回转式发射架、装填机、弹库、三级导弹检测组装间以及导弹各级转运装置组成。

1972年，改装结束的"科尔贝尔"号摇身一变成为了导弹巡洋舰，后甲板的4座127毫米主炮已经不见了踪影，取而代之的是高达4米的双联"玛舒卡"导弹发射架、装填室和导弹制导雷达。

"科尔贝尔"号为该系统提供了充裕的内部空间，其装填室内可备待发弹6枚，左右舷检测组装间各备待装弹17枚，各弹库内还可各储存分解弹10枚。前甲板的4座127毫米主炮则由两座68型100毫米速射炮取代。

前后4座57毫米炮被100毫米炮火控雷达、两座8管"塞莱克斯"无源干扰火箭弹发射装置替换，两舷的6座57毫米炮则予以保留，因此将两座改进型射击指挥仪安装到了前主桅两侧的位置，其他的火炮指挥仪则全部拆除。

为增强该舰的反舰能力，"科尔贝尔"号还安装了4座MM38"飞鱼"反舰导弹发射装置，由于上层建筑过于集中，反而使"飞鱼"在舰面的布置遇到了困难，为了解决导弹尾焰排导的问题，只得将其呈两座一组斜向后布置在了舰首2号100毫米炮后方。

主要的武器系统升级使"科尔贝尔"号的上层建筑形式有了明显的变化。驾驶室上方的雷达设备室扩大并前移，且延伸出一个前桅杆，自下而上依次安装有"德卡"导航雷达、对空与对海搜索雷达，后方两侧增加了两部卫星通信天线。

后桅杆向后移至小艇甲板，其上安装有"塔康"导航天线和对空警戒雷达，另外还加装了多种型号的电子战天线。

在"玛舒卡"导弹发射架后方增设了直升机起降指示标志，使其具备临时搭载"云雀"和"黑豹"直升机的能力。除了外观的显著改变，该舰的自动化程度也有了显著提高，作战指挥室增设了大量的指挥控制和通信设备，成为现代意义上的作战指挥中心。

1976年，该舰继续担任地中海大队旗舰，活跃在全球各个海域。20多年后的海湾战争中，已届暮年的"科尔贝尔"号参加"蝾螈"行动，象征性地在波斯湾待了几个月后黯然返回基地，同年5月24日正式退出现役。

拓 展 阅 读

法国万吨级巡洋舰"科尔贝尔"号是以17世纪法国政治家、国务活动家让-巴普蒂斯特·柯尔贝尔的名字命名的。柯尔贝尔长期担任财政大臣和海军国务大臣职务，是路易十四时代法国最著名的人物之一。

俄罗斯光荣级巡洋舰

光荣级巡洋舰，又称1164型巡洋舰，是苏联/俄罗斯海军隶下的大型传统动力攻击巡洋舰。光荣级为平甲极大型燃气轮机导弹巡洋舰，其首柱前倾斜度较大，有利于减小前甲板淹湿；舰体具有显著外倾，以进一步改善舰艇的耐波性。

光荣级舰长186.4米，标准排水量为9380吨，采用全燃联合动力装置作为推进动力，共装有6台燃气轮机，总功率7938千瓦；航速32节，续航力为2500海里。

从整舰外形看，该级采用"三岛式"设计方法，上层建筑分为首、中、尾不相连接的三段，有利于武备、舱室的均衡布置和提高舰艇的稳性，此为光荣级区别其他大型舰艇的一个显著标志。

从舰首至舰尾，该级舰的舰面布置依次是：在舰前甲板上设有1座双联130毫米主炮，用于对舰或对地作战。在主炮之后，最引人注目的是16具巨大的圆筒形SS-N-12"沙箱"远程舰舰导弹发射装置，每侧各有8具，占据了甲板上醒目的位置，从而使得夹在它们中间的前部上层建筑不得不设计成狭长形，其上多数武备也都是纵向布置。

首先在其第一层甲板上安装的是2座AK630型6管30毫米近程防空炮和2座并排的RBU6000反潜火箭发射装置。在其后面安装的是1部"椴木棰"和1座"鸢鸣"火控雷达，用于分别对前面30毫米近防炮和前甲板上的主炮进行控制。

在该上层建筑顶部平台后方高高矗立着1座巨大的锥形塔桅，其上装有2部重要的设备：顶端装设的是1部"顶舵"或"顶板"搜索雷达，中间部位装设的是1部"前门"火控雷达，前者主要用于对空对海搜索和跟踪引导舰载直升机，后者用于对SS-N-12舰舰导弹进行跟踪和提供指令制导。

此外，该塔桅顶端装有敌我识别器，塔桅底部还装设有卫星通信天线。在中部上层建筑前端平台上设有另外2部"椴木棰"火控雷达，用于对舰中部两舷4座30毫米近防炮进行控制。而在该上层建筑的桅杆上则设有1部"顶对"对空搜索三坐标雷达，该雷达具有探测183千米外两平方米目标的能力。

在该桅杆两侧还集中设置有各种电子战设备，主要包括"边球""酒桶""钟钳"等，用于控制诱饵发射系统，实施电子对抗或干扰敌方掠海飞行的导弹。

在后桅杆的后面有2个巨型烟囱，在烟囱和后部上层建筑之间的甲板上有一片空间，上面没有任何建筑物，仅在甲板上布置有两排圆形盖板，这就是俄海军引为自豪的SA-N-6"雷声"舰空导弹垂直发射装置。

该装置共有8个发射单元，对称排成2列，每列4个，每个发射单元沿圆周布置有8枚导弹，共备弹64枚。该级舰的后部上层建筑主要由直升机库、雷达操纵室、电子战控制室等组

成，机库顶部平台上设置的最显著的电子设备就是被西方称为"顶盖"的制导雷达。

该雷达主要用于对垂直发射的SA-N-6舰空导弹进行控制，由于采用相控阵体制，1部雷达即可控制多枚导弹打击多个目标。

在机库的两侧还设有另一个重要的武器系统，即2座双联SA-N-4"壁虎"全天候近程防空导弹发射装置，共备弹40枚。该系统结构紧凑，不需要占太多空间，发射架平时收在甲板下的发射井内，作战时才利用升降机构升起。

它的制导雷达就设在其上方的一个小平台上，代号为"气枪群"，用于执行搜索、跟踪和制导任务。在机库两侧还各安装1座五联装533毫米鱼雷发射管，它们设置在上甲板之下，平时用舷窗盖盖住，作战时须打开舷窗盖后才能发射鱼雷和反潜导弹。

机库为半沉降式，起降平台较小，舰尾通常只搭载1架卡-27"蜗牛"直升机，直升机降落后，可从起降平台经一斜坡进入机库内。

光荣级十分注重提高生存能力，舰体采用高强度钢建成，关键部位进行了加强处理，全舰由横隔壁分隔为10多个水密舱段，确保任意相邻三舱进水不翻沉，每个舱段和重要部位设置有多种消防设备，有专门的损害管制中心，重要舱室可密闭。

舰内6台燃气轮机分别布置在前、后机舱内，前机舱布置2台巡航燃气轮机，后机舱内左右两舷各布置2台加速用燃气轮机。由此可见，光荣级舰具备了较强的抗爆炸能力、消防能力，损管能力和"三防"能力。

拓 展 阅 读

光荣级巡洋舰上的生活设施也比较人性化，舰上除拥有宽敞的水兵餐厅、气派的军官餐厅和医疗室之外，还有一个藏书丰富的图书室，并设有桑拿浴室和游泳池。

俄罗斯"彼得大帝"号巡洋舰

"彼得大帝"号是俄罗斯海军4艘基洛夫级巡洋舰中的最后一艘，始建于1986年，1989年下水，但由于苏联解体后财政困难，进一步的建造工作被迫一度中止，直至1998年才完成试航正式服役。与此同时，俄罗斯已决定停止建造巡洋舰，这就使"彼得大帝"号成了俄海军独具特色的巡洋舰家族中的最后宠儿。

作为最新服役的"彼得大帝"号巡洋舰，其技术水平相当较高，配备武器装备齐全且数量多，有很强的作战能力。其特点是排水量大、作战半径大。

该舰长252米，宽28.5米，比美国海军最大的长滩级核动力导弹巡洋舰约长32米、宽6.2米；满载排水量24300吨，比长滩级重6775吨，堪称当今世界巡洋舰之最。

该舰排水量大，为其采用核动力和加装完备的武器系统奠定了基础。它采用的是两座核反应堆和两座燃油锅炉的混合式动力系统。

核动力装置和蒸汽动力装置以平行的方式工作，其中两台核动力装置的总功率达8万马力，可以使该舰以24节的速度航

行。两台蒸汽动力装置的总功率是4万马力。

两种全部动力装置共可发出12万马力的功率，能使该舰以30节的速度航行。由于采用了核动力装置，使该舰具有几乎是无限的续航力，故其作战半径也可达到任意远的距离，可以在无海外基地补给的情况下，进行远洋作战。

该舰装备500枚各型导弹，是美国海军装备导弹最多的提康德罗加级巡洋舰的近4倍，因此赢得了"武器之最"的美称，无疑是世界上火力最强的一级巡洋舰。

该舰的对舰攻击武器主要有射程达450千米、速度1.6马赫的反舰导弹。这种导弹采用惯性加雷达主动寻找制导，可以进行超视距对舰攻击。当进行超视距攻击时，由该舰所载卡-25B直升机进行中继制导。20个导弹发射装置可以多枚发射，对敌舰进行饱和攻击。

该舰的防空火力很强，它由SA-N系列舰空导弹和CADS-N弹炮结合近程防空系统和舰炮，构成5层防空火力网。

其中SA-N-6舰空导弹系统共有12个装在甲板下面的垂直发射箱，每个发射箱配8枚导弹，总计96枚导弹，这种导弹射程为100千米，速度6马赫，垂直发射装置可以同时发射12枚导弹，对付12个同时来袭的目标；

2组SA-N-9舰空导弹八联装发射舱，射程45千米，速度2马赫，备弹128枚。

2座双联装SA-N-4舰对空导弹担负该舰的中距离点防御任务，这种导弹射程为15千米，速度2.5马赫，全舰备有40枚这

种导弹。

此外，还有1座双联装130毫米自动对空、对海两用火炮与其配合使用，担负中距离对空防御任务。

该舰的对空末端防御是6座CAD3-N弹炮结合近程防空系统，两座在前甲板，4座在后甲板。该系统由8枚SA-N舰空导弹、一座双联装30毫米舰炮、一部中心火控雷达和光学测距仪组成。

导弹射程为8千米，火炮为2千米，火炮射速为每分4500发。它可以在全舰的四周形成密集的弹幕，有效地抗击那些突破了前几道防空火力的来袭目标，保证本舰的安全。

该舰所采用的导弹垂直发射装置克服了以往舰艇发射导弹所存在的既复杂又费时的重复装填所带来的弊端，大大提高了发射导弹的效率，使其打击威力提高到了一个新的层次。

拓展阅读

俄罗斯"彼得大帝"号巡洋舰上拥有独立完整的对海、对空、对潜进行攻防作战的武器系统以及指挥、控制、通讯系统，作战系统攻防兼备，能够应对任何环境下的突发状况。

船坚炮利的战列舰

    战列舰是以大口径舰炮为主要武器、具有很强的装甲防护和较强的突击能力、能在远洋作战的大型水面军舰，亦称战斗舰。战列舰在历史上曾作为舰队的主力舰，在海战中通常是由多艘列成单纵队战列进行炮战，因而得名。

    战列舰经历了风帆战列舰和蒸汽战列规两个阶段。风帆战列舰出现于17世纪后期，是帆船舰队中最大的战舰。其满载排水量为1000吨左右，至19世纪中期发展到4000吨左右。

    风帆战列舰的舰炮，19世纪初期以前是发射实心弹的前膛炮，装有数十门到上百门；19世纪初期以后，改为发射爆炸弹的后膛炮，多达120~130门。

    蒸汽战列舰出现于19世纪中期。1849年，法国建造了第一艘以蒸汽机为主动力装置的战列舰，即"拿破仑"号，装有舰炮100门，是蒸汽战列舰的先驱。

    1853—1856年的克里木战争推动了蒸汽战列舰的发展。以后，蒸汽战列舰装备了有螺旋膛线的舰炮和能旋转360度的装甲炮塔，装甲厚度大，突击威力和防护能力不断得到提高。

    20世纪初，英国建造了无畏级战列舰，一时间战列舰成为

海上霸主。在两次世界大战期间，战列舰有了很大发展，其满载排水量由2万吨增大到7万吨，最大航速由25节提高到30节以上；主炮口径由280~381毫米增大到280~457毫米，重要部位的装甲厚度达483毫米。

在第二次世界大战中，由于舰载航空兵和潜艇的广泛使用，战列舰成为海、空袭击的主要目标。在参战的约60艘战列舰中，约有1/3被击沉或击毁。战后，各国尚存的战列舰均先后退役，并不再建造新的战列舰，战列舰独霸海上的辉煌时代画上了句号。

20世纪80年代，美国对4艘已退役的依阿华级战列舰进行现代化改装，加装各种新型雷达、导弹、防空、电子对抗和指挥控制、通信系统，重新编入现役，部署于太平洋和大西洋，进行海上作战，支援登陆和攻击岸上目标等任务。1993年，美国的4艘战列舰又再次退出现役，"战列舰"这一级别也正式从美国海军现役舰船分类中撤销。

拓 展 阅 读

凭借威力巨大的舰炮、坚固厚重的钢甲和强劲的动力，战列舰一度横行世界海洋，是海洋强国维持海上霸权的武力象征。然而随着科学技术的发展，拥有强悍战力却技术落后的战列舰终究逐渐退出历史舞台。

美国依阿华级战列舰

　　依阿华级战列舰是美国海军的战列舰，是除了航空母舰外，威力和吨位最大的水面战舰。美国在第二次世界大战中建造，于1943—1944年间建成服役，共建造4艘，即"依阿华"号、"新泽西"号、"密苏里"号和"威斯康星"号。

　　依阿华级舰长达270.4米，是历史上舰体最长的战列舰。

满载排水量58000吨，动力装置由8座锅炉和4台汽轮机组成，采用四轴推进方式，总功率为21.2万马力。其高压锅炉输出的动力效益与稳定度是二战战列舰中之首。

依阿华级舰人员编制为1651人。航速可达33节，当航速12节时续航力为15000海里，是历史上主机功率最大、航速最高的战列舰。

本级战列舰的原有武器装备为3座三联装406毫米主炮、10

座或20座双联装127毫米副炮，有的舰是5座四联装40毫米炮。每座主炮塔旋转部分重1730吨，舰艏方向呈背负式布置两座，舰艉方向布置一座。

每座炮塔由77名官兵操纵，炮塔全部结构可以分成6层，分别是炮塔战斗室、旋转盘、动力室、上供弹室、下供弹室和供药包室。炮塔旋转时，6层一起转动。炮塔战斗室配备炮塔长和21名舰员。

每个炮塔装备有一台基线长13.5米的光学测距仪，还有计算设备和装填机电机，装填机为链式结构，电机功率60马力，超负荷功率108马力，装填炮弹时，火炮仰角为5度。

动力室有4名舰员，安装有1台功率为300马力的电动机，使炮塔最大旋转速度达到每秒4度，上下供弹室由旋转储弹盘、输弹机、固定储弹室三部分组成，每层由1名供弹室长和15名舰员负责，旋转储弹盘上可装载76发炮弹，固定储弹室有140发。

两层供弹室共有3台输弹机，输弹速度可达每分钟3发，供药包室共有18名舰员和1名室长，药包输送机由100马力电动机和油压设备提供动力，只需一个行程即可提升到炮塔。

副炮采用10座MK12型38倍口径127毫米口径双联装高平两用炮，炮塔布置在舰体中部两舷。可配备榴弹、穿甲弹、普通高射炮弹、无线电近炸引信高射炮弹、照明弹、人员杀伤弹等。

全舰通体有装甲防护，水线处307毫米厚，重要部分达430毫米厚，是世界上装甲最厚的水面舰艇，远远超过小型舰艇和中型舰艇。它的装甲足以承受1吨半重穿甲炮弹的轰击，"飞鱼"导弹击在战列舰的装甲钢板上会弹回去，爆炸冲击波只能划伤装甲。

依阿华级舰采用40毫米口径及20毫米口径机炮执行对空防御，火炮的数量各舰略有差别。各舰建成下水时，火炮配置为四联装40毫米口径博福斯机炮15座，单装20毫米口径厄利孔机炮60门。

该级舰于20世纪80年代以来改装了反舰、防空、反潜武器装备和电子设备。拆除了4座双联装127毫米副炮，安装了4座八联装"战斧"巡航导弹发射装置、4座四联装"捕鲸叉"反舰导弹发射装置和3架"拉姆普斯"轻型多用途直升机。

改装后的依阿华级舰保留了3座三联装406毫米主炮，6座双联装127毫米副炮。还计划在后甲板上加设一层飞行甲板和增设机库，可载12架AV-8B"鹞"式垂直起降飞机或"拉姆普斯"轻型直升机。改装后的依阿华级舰装备的现代化系统有防空雷达、127毫米炮瞄准雷达、地面搜索雷达、海面搜索、火控雷达以及电子战系统、卫星通信系统等。

拓 展 阅 读

1945年9月2日，标志着第二次世界大战结束的日本无条件投降的签字仪式，在停泊在东京湾上的3号舰"密苏里"号的主甲板上举行，本级舰因而闻名于世。

美国南达科他级战列舰

南达科他级战列舰是美国海军1939年始建的一级战列舰，该级舰建造计划于1938年5月批准，共建造4艘，分别是"南达

科他"号、"印第安纳"号、"马萨诸塞"号、"亚拉巴马"号，于1942年间陆续服役。

南达科他级战列舰被公认是攻防平衡的优秀的条约型战列舰。该舰设计最大输出功率为13万轴马力，最高航速27.5节。由于秉承了美国战列舰大续航力的设计思想，该级舰拥有高达15000海里的设计续航力。

南达科他级战列舰长207.3米，舰宽32.9米，吃水10.7米。标准排水量35000吨，满载排水量46000吨；舰员设计编制2346人。

动力方面，南达科他级战列舰配置8台锅炉，4台复式减速齿轮传动涡轮机，主机输出功率为13万马力。

武器方面，南达科他级战列舰配备了3座三联装406毫米45倍口径主炮，主炮的射程33741米，射速为每分钟2发。另装有

10座双连装127毫米38倍口径高平两用炮，18座四连装40毫米博福斯高射炮，35门20毫米厄利孔机炮。

南达科他级是在北卡罗来纳级战列舰基础上改进而成，由于北卡罗来纳级的装甲仅仅能够抵御350毫米口径炮弹的攻击，显得攻强守弱，因此该级舰在设计时被要求在吨位、火力不变的情况下加强防护力，因此尽可能地减轻一些不必要的重量，重点优化装甲防护。

南达科他级的设计方案被定为"1939式战列舰"。南达科他级保持与北卡罗来纳级相同的最大舰宽，减少舰体水线长度，以节省结构重量。精心设计了船型，采用球鼻型舰艏降低了阻力。

另外，南达科他级还增加甲板装甲厚度及加大侧舷装甲带的倾斜角度，以提高装甲区抗攻击能力。同时，该级舰又将副炮的位置提高，改善射界。南达科他级舰拥有单个烟囱是在外形上与北卡罗来纳级战列舰最明显的区别。

南达科他级战列舰在太平洋战争中发挥着重要作用，在战争中多用作航空母舰编队护航和对岸火力支援使用。南达科他级被编入航空母舰编队，利用其强大的防空火力网为快速航空母舰特混舰队提供空中保护和支援两栖作战。

该舰相继参加了进攻吉尔伯特群岛、马里亚纳群岛的战役，莱特湾海战，攻占硫黄岛和冲绳岛的战役以及对日本本土的炮击作战。

1942年10月，"南达科他"号战列舰参加了在南太平洋海域的海战，1942年11月14日，"南达科他"号与"华盛顿"号战列舰和日海军"雾岛"号战列舰编队遭遇，结果"南达科他"号虽损伤严重，但是舰体并没有大的损坏，仍以20节的航速脱离战场，防护能力经受住了考验。

1942年11月，"马萨诸塞"号参加了北非的登陆行动，在卡萨布兰卡海战中击伤维希法国的"让·巴尔"号战列舰。1943年2月开赴太平洋战场。日本投降后，"马萨诸塞"号协助美军占领日本，然后返国待命。

1942年8月16日，"亚拉巴马"号服役，后加入英国本土舰队投入欧洲战场，1943年8月开赴太平洋战场。

战后的1947年，该级舰开始陆续退役，编入预备役。1962年正式从海军退役。"南达科他"号、"印第安纳"号卖给船厂拆毁。"马萨诸塞"号、"亚拉巴马"号分别被马萨诸塞州、亚拉巴马州买下，作为纪念馆保存起来。

拓展阅读

1944年6月19日，在莱特湾海战中，"南达科他"号被一架日本轰炸机投下一颗250千克炸弹命中，死伤舰员50多名，但没影响作战能力。"南达科他"号继续作战，稍后参加了占领菲律宾，炮击硫黄岛、冲绳岛及占领日本本土的战斗。

美国北卡罗来纳级战列舰

　　北卡罗来纳级是美国1937年始建的一级战列舰，是二战前用于替代第一次世界大战时建造的战列舰的第一级战列舰，该级舰一共建造了两艘，分别为"北卡罗来纳"号和"华盛顿"号。

　　1937年10月27日，"北卡罗来纳"号战列舰在纽约海军船

厂开工，1941年4月服役。同型舰"华盛顿"号战列舰1938年6月14日开工，1941年5月服役。

1930年代中期，美国海军考虑到其在亚洲和欧洲的潜在敌国日本和德国正在积极扩军备战，于是根据英、美、法三国签订的第二次伦敦海军条约，在1937年开始建造2艘北卡罗来纳级战列舰。美国海军在华盛顿海军条约期间积累的大量技术成果被运用到北卡罗来纳级战列舰的设计中。

北卡罗来纳级采用平甲板船型、塔式主桅，在最初的设计方案确定采用12门356毫米口径主炮，但是考虑到伦敦海军条约实际上有可能被修改或废除，在主炮选择上留有选择余地，两舰的主炮口径和数量在始建后作了变更。

修改设计采用9门406毫米口径主炮，舰体前部两座，后部一座。主炮是在科罗拉多级战列舰406毫米口径主炮基础上的改进型，副炮采用新型127毫米双联装高平两用炮。

其中6座配置在主甲板上，另4座配置在上层甲板上。高炮最初采用28毫米和12.7毫米机枪，但在建成后随即换成盟军制式的20毫米及40毫米机炮。

该级舰的装甲甲板和舷侧倾斜装甲将整个军舰构成类似"装甲围舱"的匣式结构，由1号主炮塔前方纵向延伸至3号主炮塔后，舷侧装甲带按照抗御356毫米口径炮弹的标准设计，舷侧水下防护能抵御700磅TNT爆炸当量，舷侧水下防护系统包括五层隔舱，舰底采用三层舰底结构。

考虑到空中威胁日益增强以及远距离炮战的大落角炮弹，本级舰特别加强了水平防御装甲，水平防护系统要求能抵御2667米以下高度投下的1600磅穿甲炸弹的攻击。北卡罗来纳级增强了续航能力，装备了当时比较先进的雷达。

北卡罗来纳级舰长222米，最大舰宽33米，平均吃水9.6米，最大吃水10.8米。标准排水量35000吨，满载排水量44800吨，装甲总重14350吨，舰员设计编制1885人。

北卡罗来纳级的动力设置是配备了8台锅炉，4台复式减速齿轮传动蒸汽轮机，主机输出功率为121000轴马力。最大航速28节，行驶速度15节时续航力为17450海里，行驶速度25节时续航力为6740海里。

太平洋战争爆发后，"北卡罗来纳"号与"华盛顿"号于1942年相继加入美国海军太平洋舰队，同年8月美军在瓜达尔卡纳尔岛登陆，"北卡罗来纳"号成为当时为航空母舰护航的唯一的一艘快速战列舰。

在这次战斗中，该舰卓有成效的表现，为美国海军的快速战列舰奠定了它们的主要任务，那就是为航空母舰编队提供对空掩护。1942年11月14日，"华盛顿"号在瓜达尔卡纳尔岛海的夜战中，利用雷达的引导击沉日本海军"雾岛"号战列舰。

1944年"华盛顿"号在一次碰撞事故中舰艏撞毁并更换了新舰艏。在太平洋战争期间，北卡罗来纳级两舰参加了大部分重大战斗活动，主要为航空母舰提供掩护与支援两栖登陆作战，参加了进攻吉尔贝特群岛、马绍尔群岛、马里亚纳群岛、关岛、硫磺岛、日本本土诸岛的战役。"北卡罗来纳"号战列舰1947年退役，1961年在美国北卡罗来纳州费尔角河作为一艘战争纪念舰供人参观。"华盛顿"号于1960年拆毁。

拓展阅读

北卡罗来纳级战列舰以前没有高炮装置，1941年12月7日日本偷袭珍珠港时，炸沉了4艘战列舰和2艘驱逐舰，炸毁188架飞机，"北卡罗来纳"号的首任舰长赫斯特维德特接受了珍珠港事件的教训，立即要求在他的舰上加装20毫米高射炮。他的要求很快得到了满足。

英国"无畏"号战列舰

　　"无畏"号战列舰是英国皇家海军的一艘具有划时代意义的战列舰。是近代海军史上第一艘采用统一型号主炮的战列舰，也是第一艘采用蒸汽轮机驱动的主力舰，这是一艘使以往的战列舰在一夜间过时的划时代军舰。

　　"无畏"号战列舰舰长160.6米，宽25米，吃水8.1米。标准排水量18110吨，满载排水量21850吨，装甲总重量约5000吨，定员659~773人。

　　"无畏"号在武备、动力、防护等方面都进行了革新，尤其是火力和动力装置都采用革命性的设计，被各海军强国关注。主要海军强国纷纷按照"无畏"号的理念建造新型战列舰，引发了新一轮的海军军备竞赛。

　　作为战列舰建造技术的分水岭，在"无畏"号之前的战列舰被称作"前无畏舰"。

　　19世纪末至20世纪初，由于舰载火炮射程与射速的原因，当时各海军强国各类战列舰流行混装两种口径主炮的方式，较小口径主炮可以弥补大口径主炮火力不足。

　　20世纪初，随着火炮技术的进步，舰载火炮的射速、射程

和精度都大幅地提高。采用两种口径主炮射击时因弹道、射速不同，弹着点观测、火力控制都不能统一，使主炮射速和命中率都受到影响。

这种弊病在1905年的对马海峡海战表现得尤其明显。19世纪末随着大口径舰炮技术的发展，大口径舰炮在提高射程、射速的同时，精度、威力都增加了，火炮瞄准技术的进步可有效提高火炮命中率。

1903年，意大利、美国、英国的海军舰船设计师已经提出了统一主炮的战列舰，主张取消较小口径的主炮，增加大口径主炮数量。大口径火炮可以在较小口径火炮射程以外开火，通过集中控制火炮齐射对目标区域的火力"覆盖"达到提高命中率的目的。

随着火力控制从概念转为实用，上述主张也成为可能。1904年约翰·阿巴斯诺特·费舍尔爵士出任英国第一海务大臣，牵头组成了一个委员会，提出一个新型战列舰的设计方案：采用统一型号的10门305毫米口径主炮，和可以长时间内保持21节航速运行的蒸汽轮机组。

这个设计方案就是"无畏"号战列舰。显然英国人认为统一的大口径火炮与航速的优势是海战的主导。费舍尔爵士称这种舰只为"煮老的鸡蛋"，"因为它不可能被击碎"。

"无畏"号战列舰采用长艏楼船型，取消了舰艏水下撞角。"无畏"号与以往战列舰最大的区别是引用"全重型火炮"概念，采用10门统一型号的、弹道性能一致的305毫米口径主炮。

5座双联装主炮炮塔，舰艏艉各一座，舰体舯部锅炉舱后一座，布置在舰体中心线上；在两个锅炉舱之间，两舷对称布置各一座。全舰侧舷最大火力8门主炮，向前火力理论上6门主炮，火力优势成倍提高。

弹道性能一致的主炮，使采用统一火力控制系统成为可能。副炮仅保留了76毫米以下口径火炮用来防御小型的鱼雷舰艇。

动力方面，"无畏"号首次在大型战舰上使用4台蒸汽轮机机组。航速比以前的任何战列舰都要快。在最大航速提高到21节的同时，可以长时间保持高速航行并保持良好可靠性。相对旧式的往复式蒸汽机组功率更大，可靠性高。

"无畏"号防御装甲比以往任何战舰都不逊色，装甲采用表面硬化处理，重要部位的装甲厚度达到280毫米，提供了全面的防护能力。舰体舱室水线下水密舱取消横向联络门，加强水密结构，提高战舰的抗沉能力。

1905年5月，"无畏"号的设计蓝图得到批准。1905年10月2日，"无畏"号在普茨茅斯海军船厂铺设龙骨，1906年2月10日下水，同年10月1日开始进行海试，建造进度出乎意料地快。通过长时间新设备的检验，直到1907年12月3日才正式服役，"无畏"号成为英国皇家海军本土舰队旗舰一直到1912年。

第一次世界大战中，1916年3月18日，"无畏"号在北海海域撞沉德国U29号潜艇。因为入坞维修错过了日德兰海战。1916—1918年驻在泰晤士河口巡逻，1919年转入后备役，1921年出售拆毁。

拓展阅读

为了增加"无畏"号舰体的防护能力，整个船体全部用厚厚的铁甲包裹起来。甲板的装甲板最厚处包3层共75毫米，炮塔、机舱、弹药库、司令塔等关键部位的装甲厚度达到280毫米，舰体舯部装甲带最厚处也是280毫米。

苏联甘古特级战列舰

　　甘古特级战列舰在沙皇俄国与苏联海军历史上创造了很多纪录：它是沙皇俄国第一级无畏舰，也是苏联海军从沙皇俄国海军继承的唯一一级战列舰，在相当长时间里也是苏联海军唯一的战列舰。

　　日俄战争之后，俄国海军面临战列舰极度短缺的窘境。1906年，在设计和性能上有着革命性突破的英国"无畏"号战列舰问世，它让俄国舰队仅剩的几艘战列舰也迅速地过时。

　　1908年，俄国海军部决定利用买下的德国设计按照俄国标准重新修改，波罗的海船厂接受了这个任务。在修改过程中，英国约翰·布朗船厂提供了很多帮助，英国人从那些被否决的方案中发掘出可取之处，其中就包括了库尼贝蒂公司方案的不少特点。

　　修改后的设计方案让人感觉新型战列舰是介于战列舰与战列巡洋舰之间的一种军舰，也就是人们常说的"波罗的海战列舰"。

　　这个设计方案突出了空前强大的火力：4座三联主炮塔全部布置在舰体纵向中心线上。舰体前后各布置一座主炮塔，舯

部布置两座炮塔，这与当时意大利建造的"但丁·阿利格伊切里"号战列舰的布局相似。

它的305毫米口径主炮舷侧齐射的火力超过同时期任何一艘英国或者德国战列舰。设计方案中的战列舰采用破冰船艏，以便冬季封冻时也能自如地在波罗的海活动。

由于使用较轻的亚罗式锅炉代替此前常用的贝尔维尔式锅炉，该方案舰的速度同样突出，航速达到24节，比同时期大多数无畏舰的航速都要高2~3节。

然而该方案也有一个很明显的弱点：为了保证高航速牺

牲了太多装甲防护，舷侧水线装甲厚度为229毫米，和同期世界主要战列舰相比，它大部分部位的装甲带都薄了25~76毫米。

而从这点上看，它似乎是介于战列舰和战列巡洋舰的中间舰型。为防止鱼雷或水雷给战舰造成重大损害，该舰采用双层舰体，并一直延伸到甲板。

新型战列舰的建造于1909年开始，由于俄国造船厂本身效率低下，加上正在建造的又是一种全新的战舰，新型战列舰的建造困难丛生，进度很慢。

此后两年，新型战列舰的建造一直断断续续，但正是在这两年中，世界各海军强国的无畏舰也在飞速发展，英国已经开始建造装备343毫米主炮的战列舰，从而使俄国无畏舰在开工时所期望的火力优势荡然无存。

该级舰4艘均于1911年下水并进行海试，第一艘服役的"塞瓦斯托波尔"号于1914年加入海军作战序列，其余3艘也在当年12月陆续服役。俄国方面一般也把该级舰称为塞瓦斯托波尔级战列舰。

甘古特级无畏舰的服役，使波罗的海的实力对比产生极大的变化，战争开始时德意志帝国海军在波罗的海只有7艘旧巡洋舰和一些轻型舰只。

但俄国人并没有利用好自己的优势，这固然首先与波罗的海海域狭窄、冬季封冻有关，但更重要的还在于对马海峡海战的噩梦仍然萦绕在俄国海军高级军官的脑海中，担心会在战斗中再次损失好不容易才积累起来的实力。

这种担心促使海军严格限制对新型战列舰的使用，甘古特级的使用被限定于掩护布雷、掩护陆军进攻的侧翼等辅助性的工作，战争初期沙皇甚至发布命令，禁止没有特别命令时使用任何新战列舰参加战斗。

这就使得甘古特级在波罗的海的强大威力根本无从发挥。在一年的战斗中，波罗的海舰队的驱逐舰、巡洋舰和老式战列舰与德国军舰进行了几次交战，双方基本势均力敌，俄国军舰在火力上的优势有时甚至还使得自己在战斗中略微占优。

1915年8月，一支强大的德国分舰队加强到波罗的海，这支分舰队包括了数艘无畏舰和前无畏舰，面对德国海军的强大实力，俄国人在付出一些损失后明智地选择了躲避。

1915年9月，德国分舰队离开波罗的海，甘古特级战列舰也逐渐更加适于作战。波罗的海舰队司令卡宁中将决定派一艘无畏舰出击波罗的海，但由于"甘古特"号水兵对极其恶劣的食物不满而哗变，这次出击被迫中止。

直到11月哗变彻底平息后，波罗的海舰队才得以派出"甘古特"号和"彼得罗巴甫洛夫斯克"号无畏舰进行一次巡航，这次出击远达果特兰岛，其目的在于掩护里加湾内的布雷行动。

实力远远不如俄国人的德国分舰队根本没和这两艘无畏舰打照面，俄国海军在波罗的海最大胆的一次出击以空手而归告终。战争剩下的时间里，4艘强大的无畏舰无所事事地在港口和掩护布雷的航线上度过了这些枯燥的日子。

1917年8月，布尔什维克控制了这4艘战列舰，并且在1918年1月29日复员了大部分水兵，4月又把这些战列舰拖到喀琅施塔得基地闲置起来。

但不久，国外势力支持的白卫军纷纷叛乱，同时，外国干涉军也开始在阿尔汉格尔斯克、摩尔曼斯克、符拉迪沃斯托克登陆，局势的变化让这些无畏舰开始积极准备战斗。

红海军的新水兵开始进行训练并设法使"彼得罗巴甫洛夫斯克"号能够恢复倒可以作战的状态，但积极的备战工作被英国人中断了。1919年8月18日，英国鱼雷艇CMB31号和CMB88号发射的鱼雷击中了这艘无畏舰，使它坐沉在喀琅施塔得港内的浅水中。

它的姐妹舰"波尔塔瓦"号则更加不幸，1919年11月，本来准备保卫彼得格勒的它在涅瓦河上发生火灾，前锅炉舱的大火蔓延到全舰，让战列舰损毁严重，搁浅于涅瓦河。

沙皇时代的战列舰大都于1922—1924年期间拆毁，只有这4艘甘古特级被保留下来，并重新命名：

"甘古特"号更名为"十月革命"号，"塞瓦斯托波尔"号更名为"巴黎公社"号，"彼得罗巴甫洛夫斯克"号更名为"马拉"号，"波尔塔瓦"号更名为"伏龙芝"号。并以此作为红海军重建的基础。

其中在1919年火灾中损坏的"波尔塔瓦"号一度也被列入保留名单，但经过检查发现该舰损坏得实在太厉害，没有太大的修复价值，仅仅把它作为水上兵营使用。

其他3舰则陆续开始了整修，"马拉"号在1922年、"巴黎公社"号在1923年、"十月革命"号在1925年分别重新回到舰队序列。

从1926年开始，经济逐步恢复的苏维埃国家终于能够逐步开始对海军的重建，甘古特级剩下的3艘得到了现代化改装的机会。这次改装主要是为战列舰换装了新的炮管和新的锅炉，让它们能够具备实战能力，不再只是"港口里的主力舰"。

不久，为了加强黑海舰队，"巴黎公社"号，即原"塞瓦斯托波尔"号调往最初用来为它命名的港口，1929年冬天从波罗的海出发后不久，北大西洋的风暴就迫使受损的红海军军舰

在法国布列斯特港停泊修理。

耽搁了一段时间之后才得以继续它的航行，并于1930年抵达黑海。

海军技术的进步让红海军的3艘老战列舰显得更加落后于时代。为了保持战斗力，也为了积累维修经验和为建造苏联自己设计的战列舰做准备，苏联红海军再次对原甘古特级战列舰进行了现代化改装。

1931年，"马拉"号，即原"彼得罗巴甫洛夫斯克"号作为第一个开始改装的战列舰回到了建造它的波罗的海造船厂，紧接着的是"十月革命"号，即原"甘古特"号。

在3年的改装过程中，这两艘战舰做了相当大的改动：前甲板升高了0.9米，升高以后的舰首有一定的外飘，从而改善了航海性能；前烟囱上端向后弯曲，避免烟囱的排烟影响到舰桥上人员的工作；前桅从简单的单脚桅改为塔式桅，增强了桅杆的强度，也便于安装更多光学及电子设备；舰桥增大，加装了新的火控系统。

除此之外，在起重机、水上飞机等细节上还做了不少其他的改动。现代化改装完毕后的两艘战列舰看起来在适航性、火控、指挥等方面性能都有了较大的提升。

1936年，黑海舰队的"巴黎公社"号也开进船坞，开始与它的姊妹舰类似的现代化改装。由于海域情况不同，该舰的改装与波罗的海的战列舰也略有不同，例如在三号炮塔顶部安装了一部飞机弹射器。改装后的战列舰看起来与它的姊妹舰仍然极为相似。

到1930年代中期，苏联红海军的舰队规模与实力比十年前都有了长足的进步。1937年英王乔治五世的加冕礼，苏联接受了英国的邀请，并派出"马拉"号战列舰作为代表前往。

1940年，现代化改装后的"十月革命"号和"马拉"号参加了对芬兰的冬季战争，但漫长的冬季、封冻的海面都阻止了苏联战列舰充分发挥自己的实力，强大的苏联红海军仅仅炮击了几次芬兰的阵地，夺取了几个无关紧要的小岛。

20世纪30年代后期，战争的乌云开始在欧洲上空聚拢。此时的苏联仍在继续对它的舰队进行现代化改造，苏联领导人期望新战列舰能够取代年事已高的甘古特级，成为红海军的核心。但事情的发展打碎了苏维埃政权的期待。

1941年6月22日，苏德战争爆发了。波罗的海舰队的两艘战列舰开战时正锚泊于基地，"十月革命"号在喀琅施塔得，

“马拉”号在列宁格勒。接下来的几个月里，两舰用重炮支援陆军的拼死抵抗，竭尽所能在海岸线附近迟滞德国陆军的进展。德国空军调集大量俯冲轰炸机，试图击沉这两艘不断威胁海岸侧翼的苏联战舰。当战线推进到列宁格勒附近时，苏联战列舰的活动范围被迫缩小到喀琅施塔得和列宁格勒附近，这也为德国轰炸机的攻击提供了大好的机会。

1941年9月23日，“马拉”号被德国轰炸机投下的800千克重型炸弹直接命中，年迈的战列舰遭到重创，坐沉于喀琅施塔得港内浅水处，它的舰桥、艏楼和1号烟囱基本上都被摧毁。

由于列宁格勒局势危急，陆军急需支援火力，于是已经半毁的“马拉”号不久又被打捞起来，经过简单的修理，“马拉”号战列舰变成了“马拉”号浮动炮台，用它剩余的9门主炮支援陆军抵抗德军的进攻。

9月16日，“十月革命”号被派往执行对德国海岸阵地的袭击任务，袭击过程中只挨了几颗德国的150毫米榴弹炮弹。但好运气并没有一直陪伴着它，9月21日，德国空军JU87投下的炸弹近距离命中了“十月革命”号，加上连续被150毫米炮弹击中，连续受损的老战列舰不得不进列宁格勒的船厂维修。

船坞里的“十月革命”号仍然不断遭到攻击，1942年4月又被4颗炸弹击中，连续的打击让这艘战列舰直到1944年才完全修好。

列宁格勒围城期间，修理中的“十月革命”号和改装成浮动炮台的“马拉”号一直发挥着305毫米重炮的威力，支援这

座城市的守卫者，阻止了德军一次又一次夺取列宁格勒的努力。在此期间，两艘战列舰的武备进行了许多调整，为了应对德国空军不断的袭击，两舰加装了大量防空火力，其中"十月革命"号在战争后期的防空武器达到14门76毫米高炮，16门37毫米高炮，10挺12.7毫米和89挺7.62毫米机枪。

1943年中，苏联的几艘战列舰都恢复了原来的舰名。战争进入1944年，苏联红军发起了解围列宁格勒的战役，"彼得罗巴甫洛夫斯克"号用它的重炮轰击了奥拉宁鲍姆的德军阵地。就在同年6月，"彼得罗巴甫洛夫斯克"号又参与了红军对卡累里阿地峡的进攻，并协助登陆部队夺取了芬兰军队占领的一些岛屿。守卫着黑海的"巴黎公社"号处境和波罗的海的情况类似，虽然红海军尽全力支援陆军，但地面交战的失利也迫使红海军舰只的作战区域节节后退。

为了保卫克里米亚，以塞瓦斯托波尔为母港的"巴黎公社"号为陆军提供了最有力的火力支援。到1942年，随着塞瓦斯托波尔面临失守，丧失了基地和制空权的红海军不得不撤往新罗西斯克、波提等黑海东部港口，以脱离德国空军的攻击范围。

为了避免黑海舰队这艘唯一的战列舰遭受损失，"巴黎公社"号很少参与黑海舰队的出击。德国人在陆地上的进展让新罗西斯克逐渐变得不安全，1943年，德国空军光顾了军港，几颗炸弹虽然没有给战列舰造成致命打击，但也吓了苏联人一大跳。

于是，大舰被再次转移到离德国人更远的波提，并进坞维修。直到苏联红军重新掌握战争主动权，并开始对德军发动一次又一次攻势时，恢复原名的红海军"塞瓦斯托波尔"号战列舰才修理完毕，重新活动起来，参与对溃退德军的炮击。

纵观整个第二次世界大战，苏联战列舰没有在海战中击沉过德国的任何军舰，305毫米主炮的炮弹绝大多数都落在德国陆军的头上，战舰在大多数时间则停留在港口里。

这样的经历对战列舰而言实在不太值得夸耀，造成这种情况的原因很多，例如陆地作战的失利让红海军丧失了大部分基地和港口，德国空军的威胁，等等。

但很重要的原因之一在于：斯大林与一战时期的俄国海军将领一样，担心这些大舰在战斗中遭到损失，认为苏联海军无法承受这样的风险，从而宁可让这些具备相当威力的武器在港口里虚度光阴。

战争结束后，3艘战列舰中只有两艘得以继续在作战舰队中服役："甘古特"号在波罗的海，"塞瓦斯托波尔"号在黑海。在战争中被打沉的"彼得罗巴甫洛夫斯克"号重新浮上水面，但由于受损严重，该舰于1950年11月28日被划入了勤务舰队，成为无动力的火炮训练舰"沃尔霍夫"号，不久火炮训练任务被取消。

1951年9月22日，"沃尔霍夫"号又被改成海军学校。1953年，原"彼得罗巴甫洛夫斯克"号结束了自己的军舰生涯，被拆毁。另两艘老战列舰虽然仍在红海军服役，但由于太过老迈，加上长年的服役和损伤，使两舰无法承受一线的任务，大部分时间都在充当训练舰的角色。

　　其间，"甘古特"号还安装了英国提供的雷达设备，并改装了从"塔林"号巡洋舰上拆下来的德制起重机。

　　赫鲁晓夫上台面临恢复重建苏联经济的任务，为了减少军费开支，他调整了红海军的任务和使用方式。在他看来，世界已经进入"火箭核时代"，当导弹和核武器成为标准作战武器时，包括战列舰在内的大型军舰都已经过时无用。

　　"塞瓦斯托波尔"号1957年，被拆毁于用来命名它的港口。"甘古特"号勉强拖延到1959年，也没能逃脱在喀琅施塔得被拆毁的命运。"塞瓦斯托波尔"号和"甘古特"号战列舰的拆毁标志着苏联红海军战列舰时代的终结。

拓展阅读

　　甘古特级战列舰舰长181.2米，改装后184.86米；舰宽26米，改装后27.3米；标准排水量23400吨，改装后25464吨；满载排水量25850吨，改装后26700吨；最大航速24.6节；当航速为16节时续航力为4000海里。

德国 "俾斯麦" 号战列舰

　　"俾斯麦"号战列舰是第二次世界大战中纳粹德国海军主力水面作战舰艇之一，是第二次世界大战时德国建造的火力最强的战列舰，是纳粹德国海军俾斯麦级战列舰的一号舰。

　　"俾斯麦"号战列舰于1940年服役，排水量52600吨，航速30节，舰上人员2065名。舰上武器有8门380毫米火炮，12门150毫米火炮，16门105毫米火炮，16门37毫米炮和4架飞机。

　　第一次世界大战后的德国在《凡尔赛条约》的严格监控下被禁止建造战列舰。1933年纳粹独裁政府上台，德国海军开始秘密进行新型战列舰的研制工作。

　　1935年3月，希特勒宣布废弃《凡尔赛条约》，恢复征兵制。同年6月，为了表示不向英国挑战，德国主动向英国提出把德国海军的吨位限制在英国海军的35%，英国马上同意并签订了英德海军条约，这解除了德国海军的最后一条枷锁。

　　德国海军开始扩军，并在建造5只旧战舰的替代舰的同时，于1936年度开始建造"装甲舰F"，这艘德国海军大规模扩军计划中代号"装甲舰F"的战舰，就是后来大名鼎鼎的"俾斯麦"号战列舰，是德国海军自1918年以后建造的第一艘

真正的战列舰。

英德海军协定允许德国的新式战舰装备406毫米主炮，但是德国还没有制造这种口径舰炮的经验，德国人在这之前所研制的最大口径舰炮是第一次世界大战时期的380毫米口径舰炮，为了避免风险和设计难度拖延进度，决定新开发一种380毫米口径主炮装备"俾斯麦"号战列舰。

俾斯麦级舰体受穿越基尔运河水深限制，适度加宽舰体减少吃水，长宽比为6.67：1，上层建筑比较紧凑，提高了舰体的稳定性。

由于德国是自1918年第一次世界大战战败以后首次建造纯

正的战列舰，为了降低风险，保证研制进度，尽量采用现成的技术，决定采用双联装380毫米口径舰炮，主炮塔采用前后对称呈背负式布局各布置两座。

其主炮理论射速很高，达到同期战列舰的最高水平，主炮穿甲弹采用"高初速轻型弹"，在中近交战距离拥有很好的威力，但远距离着靶性能相应降低。

其装甲防护沿用"全面防护"的设计模式，拥有同期战列舰中的最大防护尺度，其主装甲侧壁覆盖了70％的水线长度和56％的舷侧高度，同时装甲总重量达到同期战列舰中的最大比重，占标准排水量的41.85％。

　　此外，该舰在实现大防护尺度的同时，依赖大防护尺度提供的空间补偿，主水平装甲安排在第三甲板，让其与主舷侧装甲一同重叠于弹道上，使舰体要害部位的防护也得到了强化，超越同期建造的战列舰。

　　1936年7月1日，"俾斯麦"号战列舰在汉堡港的布隆-富斯造船厂正式开工建造，"俾斯麦"号以普鲁士王国首相和德意志帝国总理人称"铁血宰相"的奥托·冯·俾斯麦侯爵命名，1939年2月14日，"俾斯麦"号举行下水仪式。

　　1940年9月15日，"俾斯麦"号完成了晒装工程，通过基尔运河前往波罗的海进行海试，1940年8月24日"俾斯麦"号

战列舰正式服役。

1941年3月，为了破坏英国人的海上命脉大西洋航线，德国海军计划了大规模被命名为"莱茵演习"的海上袭击战。

德国海军原计划分成两线出击，驻扎在法国布勒斯特港"沙恩霍斯特"号和"格耐森诺"号战列巡洋舰将先期出航破坏英国大西洋海上航运，同时吸引调动英国皇家海军舰队主力，之后，最新锐的"俾斯麦"号战列舰也将投入作战，并利用时机突入大西洋执行破交作战。

但是，"沙恩霍斯特"号与"格耐森诺"号先后因故障与受伤无法出击，1941年5月19日，"俾斯麦"号战列舰与"欧根亲王"号重巡洋舰单独出航执行"莱茵演习"。

"俾斯麦"号出航的情报很快被英国海军得到并加强了戒备。5月24日在丹麦海峡遭到英国海军"胡德号"战列巡洋舰和"威尔士亲王"号战列舰的拦截。

在丹麦海峡海战中，双方交火6分钟后，"俾斯麦"号在15000米的距离上击中了"胡德"号，"胡德"号弹药库发生发生爆炸沉没。随后5分钟"威尔士亲王"号受伤退出战斗，"俾斯麦"号则被"威尔士亲王"号击伤，导致一个锅炉舱进水航速下降为28节，燃油舱漏，水上飞机弹射装置损坏，被迫终止作战行动，驶往法国。

英国海军调集主力决定不惜一切代价击沉"俾斯麦"号。当日夜间从"胜利"号航空母舰起飞的鱼雷轰炸机攻击了"俾斯麦"号，一枚鱼雷击中了"俾斯麦"号舯部，但爆破威力被其鱼雷防御系统完全吸收，没有造成内舱伤害。

"俾斯麦"号曾一度甩掉了英国海军的跟踪，但26日重新被发现，遭到英国海军皇家"方舟"号航空母舰起飞的"剑鱼式"鱼雷轰炸机攻击。一枚鱼雷击中了"俾斯麦"号艉部，方向舵被卡死，迫使"俾斯麦"号以螺旋桨速差来保持航向，航速降为7节，为英国舰队追击赢得了宝贵的时间。

5月27日，"乔治五世"号和"罗德尼"号为首的英国舰队追上了丧失了操控能力的"俾斯麦"号。经过数小时的激战，10时40分，"俾斯麦"号沉没于距法国布勒斯特港以西400海里的水域。

在沉没前，"俾斯麦"号抵挡住了90发左右英国战列舰主炮炮弹和310发左右其他炮弹的直接命中，同时承受了6~8枚各型鱼雷的打击。再加上自行打开通海阀，两小时后沉没。

"俾斯麦"号强大的威力和防护性能给英国人留下了深刻印象，被丘吉尔誉为"造舰史上的杰作"。

拓展阅读

"俾斯麦"号战列舰装甲总重17450吨，舰体结构总重11691吨。舰体结构采用造船钢，立面装甲表面采用渗碳硬化钢，水平装甲采用高强度匀质钢和高弹性匀质钢，因此能够承受高强度的打击。

日本"比睿"号战列舰

　　"比睿"号战列舰属旧日本帝国海军的金刚级战列舰。金刚级战列舰是日本海军由金刚级战列巡洋舰经过大规模现代化改装而成的高速战列舰。

　　"比睿"号是金刚级的2号舰，完成时是一艘战列巡洋舰，按照日本帝国海军命名惯例，以巡洋舰命名方式，"比睿"号的命名源自日本京都府和滋县境内的比睿山。

　　1911年，日本内阁会议审议并通过了海军大臣以"八八舰队"的名义提交的海军军备的计划，由于日本缺乏建造新式大型主力舰的经验，以引进技术为主要目的，日本海军决定1号舰"金刚"号由英国维克斯公司设计建造，配备由维克斯公司研制的8门双联装356毫米口径主炮。

　　同时，日本派出技术人员到英国学习新型主力舰的制造技术。2、3、4号舰将根据维克斯公司提供的设计图纸在日本国内自行建造。

　　"比睿"号战列巡洋舰1911年11月4日在横须贺海军工厂开工，1912年11月21日下水，1913年8月4日完工。标准排水量27500吨，航速27.5节，主炮等部件均由维克斯公司提供。

　　"比睿"号与在英国建造的一号舰"金刚"号在外观细节上有所不同，因为临近舰桥的一号烟囱产生排烟对舰桥的影响，一号烟囱向后移动并加高，"比睿"号的主炮塔有明显的折线，与金刚号相同，这是与3、4号舰"榛名""雾岛"外观上的不同之处。1914年第一次世界大战爆发后，"比睿"号战列舰与"金刚"号编入第一舰队第三战队。第一次世界大战结束后，开始进行增大主炮仰角、改进弹药库的防护的改装，在前桅增加用于观测、指挥的桅楼设施。

　　1932年改装完成，标准排水量减少到19500吨，吃水减少，航速降低到18节。1933年增加观礼设施，在1930年代曾多次担任日本天皇检阅海军的"御召舰"。1935伪满洲国皇帝溥仪访问日本曾搭乘该舰。

　　1936年，日本退出限制海军军备条约谈判，"比睿"号
1937年开始复原改装，另3艘姐妹舰两次大改装完成的项目
"比睿"号改装时一并完成，主要项目更换了新型锅炉、轮机
设备，最高航速达到30节，提高续航距离；增强防御能力，增
强水平防护以及水下防御能力，舰艉加长，彻底改建塔式舰
桥，主炮最大仰角提高到43度，同时增强防空火力。

　　"比睿"号的塔式舰桥结构、外观与另3艘1933—1936年
已经完成第二次大改装的姐妹舰不同，根据设计中的"大和"
号战列舰进行了改变。至1940年初改装工程完工，标准排水量
32350吨。经过改装后，"比睿"号与其姐妹舰一样变成了高
速战列舰。

　　1941年11月，"比睿""雾岛"作为支持警戒部队编入航

空母舰机动部队，护卫航空母舰于12月7日偷袭珍珠港，太平洋战争由此爆发。

1942年2—4月，包括"比睿"号在内的4艘金刚级护卫航空母舰机动部队参加了西南太平洋以及扫荡印度洋海域的作战。1942年6月，"比睿"号编入掩护部队参加了中途岛海战。

1942年8月，为支援争夺瓜达尔卡纳尔岛的所罗门群岛方面的作战，4艘金刚级战列舰护卫航空母舰参加作战行动。为消除瓜达尔卡纳尔岛上美军控制的飞机场给日本海军造成严重威胁，11月13日日本海军出动"比睿""雾岛"准备炮击该岛机场，遭遇美国海军巡洋舰舰队。

当日夜间，两舰近距离内与美舰发生炮战，在混战中"比睿"号上层建筑发生火灾，成为一个显眼的目标，遭到重创，无法全速逃离美机的空袭范围，次日天亮后被美军飞机攻击，自沉于所罗门群岛海域。"雾岛"舰却乘黑夜逃脱。"比睿"号战列舰是日本在太平洋战争中损失的第一艘战列舰。

拓 展 阅 读

金刚级是旧日本海军建造的一型战列巡洋舰。其同级舰有4艘："金刚"号、"比睿"号、"榛名"号、"雾岛"号。按照日本海军命名惯例，以巡洋战舰命名方式，命名源自山名。其全部在太平洋战争中战沉。

航空母舰的杀手潜艇

　　潜艇是一种能潜入水下活动和作战的舰艇，也称潜水艇，是海军的主要舰种之一。潜艇在战斗中的主要作用是对陆上战略目标实施核袭击，摧毁敌方军事、政治、经济中心；消灭运输舰船、破坏敌方海上交通线；攻击大中型水面舰艇和潜艇；

执行布雷、侦察、救援和遣送特种人员登陆等任务。

潜艇按作战使命分为攻击潜艇与战略导弹潜艇；按动力分常规动力潜艇与核潜艇；按排水量分，常规动力潜艇有2000吨以上大型潜艇、600—2000吨的中型潜艇、100—600吨的小型潜艇和100吨以下的袖珍潜艇，核动力潜艇一般在3000吨以上；按艇体结构分为双壳潜艇、半壳潜艇和单壳潜艇。

攻击潜艇用于攻击水面舰船和潜艇。有核动力和常规动力两种。主要武器是鱼雷、水雷和反舰、反潜导弹。

战略导弹潜艇用于对陆上重要目标进行战略核袭击。多为核动力，也有常规动力的。主要武器是潜地导弹，并装备有鱼雷。

核动力战略导弹潜艇水下排水量5000~30000吨，水下航速20~30节，下潜深度300~500米，自给力60~90昼夜。常规动力战略导弹潜艇水下排水量3500吨左右，水下航速14~15节，下潜深度约300米，自给力30~60昼夜。

潜艇能利用水层掩护进行隐蔽活动和对敌方实施突然袭击；有较大的自给力、续航力和作战半径，可远离基地，在较长时间和较大海洋区域以至深入敌方海区独立作战，有较强的突击威力；能在水下发射导弹、鱼雷和布设水雷，攻击海上和陆上目标。

但其自卫能力差，缺少有效的对空防御武器；水下通信联络较困难，不易实现双向、及时、远距离的通信；探测设备作用距离较近，观察范围受限，掌握敌方情况比较困难；常规动力潜艇水下航速较低，充电时须处于通气管航行状态，易于暴露。

潜艇的构成主要有艇体、操纵系统、动力装置、武器系统、导航系统、探测系统、通信设备、水声对抗设备、救生设备和居住生活设施等。

双壳潜艇艇体分内壳和外壳，内壳是钢制的耐压艇体，保证潜艇在水下活动时，能承受与深度相对应的静水压力；外壳是钢制的非耐压艇体，不承受海水压力。内壳与外壳之间是主压载水舱和燃油舱等。单壳潜艇只有耐压艇体，主压载水舱布置在耐压艇体内。

半壳潜艇，在耐压艇体两侧设有部分不耐压的外壳作为潜艇的主压载水舱。潜艇艇体多呈流线型，以减少水下运动时的阻力，保证潜艇有良好的操纵性。

耐压艇体内通常分隔成3~8个密封舱室，舱室内设置有操纵指挥部位及武器、设备、装置、各种系统和艇员生活设施等，以保证艇员正常工作、生活和实施战斗。

艇体中部有耐压的指挥室和非耐压的水上指挥舰桥。在指挥室及其围壳内，布置有可在潜望深度工作的潜望镜、通气管及无线电通信、雷达、雷达侦察告警接收机、无线电定向仪等天线的升降装置。

潜艇的操纵系统用于实现潜艇下潜上浮，水下均衡，保持和变换航向、深度等。潜艇主压载水舱注满水时，增加重量抵消其储备浮力，即从水面潜入水下。用压缩空气把主压载水舱内的水排出，重量减小，储备浮力恢复，即从水下浮出水面。

艇内设有专门的浮力调整水舱，用于注入或排出适量的水，以调整因物资、弹药的消耗和海水密度的改变而引起的潜艇水下浮力的变化。

艇首、艇尾还设有纵倾平衡水舱，通过调整首、尾平衡水舱水量以消除潜艇在水下可能产生的纵倾。艇首和尾部各设有一对水平升降舵，用以操纵潜艇变换和保持所需要的潜航深度。艇尾装有螺旋桨和方向舵，保证潜艇航行和变换航向。

潜艇分动力装置柴电动力、核动力和不依赖空气推进系统三种。最早期曾经尝试过作为潜艇动力来源的有压缩空气、人力、蒸汽、燃油和电力等。而真正成熟的第一种潜艇动力来源是以柴油机配合电动机作为共同的动力来源。

第一次世界大战之前，潜艇开始使用柴油机配合电动机作为潜艇的动力来源。这种动力是第一种潜艇用机械动力。柴油

机负责潜艇在水面上航行以及为电瓶充电的动力来源，在水面下，潜艇使用预先储备在电瓶中的电力航行。

由于电瓶所能够储存的电力必须提供全舰设备使用，即使采取很低的速度，也无法在水面下长时间的航行，必须浮上水面充电。后来出现的通气管则使得潜艇的潜航能力增加。

通气管在第二次世界大战前由荷兰开发出来，其后由德国进一步的改良并首先使用在他们的潜艇上面。通气管的基本构造很简单，就是一个可以伸长的管，将外界的空气引导至柴油引擎，产生的废气也经由通气管排送出去，另外再附加防止海水进入以及将进入的海水排出的管线。

通过使用通气管可以让潜艇在潜望镜深度情况下使用柴油机，这样潜艇就不必上浮即可补充电力。通气管的使用大幅改变了当时潜艇的作业方式与弹性。

在使用通气管以前，潜艇一定要浮出海面进行换气和充电的作业，而这个作业时间限制在夜间。采用通气管之后，潜艇只需要将通气管伸出海面就得以进行充电的工作，不仅降低潜艇被发现的概率，也扩展潜艇可以充电的时机。

针对这个威胁，盟军是利用巡逻机携带的特殊雷达来寻找微小的通气管，即使无法击沉潜艇，至少也要迫使它无法充电而无法持续地追踪与攻击。

核动力是继柴电动力之后发展的又一种动力。核动力的原理是通过核子反应炉产生的高温让蒸汽机中产生蒸汽之后驱动蒸汽涡轮机，来带动螺旋桨或者是发电机产生动力。

最早成功在潜艇上安装核子反应炉的是美国海军的"鹦鹉螺"号潜艇，目前全世界公开宣称拥有核子动力的国家有5个，其中以美国和俄罗斯的使用比例最高。美国甚至在1958年宣布不再建造非核动力潜艇。

核动力潜艇相比于传统的柴电潜艇，具有动力输出大，动力续航高，速度快等优点。由于核动力潜艇的燃料的补充更换通常在10年以上，相比于仅仅几周或几月的柴电动力潜艇要大大增加，所以也通常被视为无限续航力。

但核动力潜艇却有技术难度大、稳定性差、建造费用高、噪音大以及维护要求高的缺点。由于柴电潜艇和不依赖空气推进技术的发展，核动力潜艇已经不再是先进潜艇动力的唯一标准。

　　1930年，德国沃尔特博士提出以过氧化氢作为燃料的动力机系统，经过数年的研究和试验，在二战末期，沃尔特发明了"沃尔特式动力机"。

　　其原理是通过燃烧过氧化氢推动内燃机工作，由于过氧化氢燃烧反应产生氧气，所以不需要额外空气，但是早期的沃尔特式动力机并不可靠，因为过氧化氢容易发生自燃反应，因此德国只生产了几艘以过氧化氢为动力的潜艇。

　　第二次世界大战之后，许多国家开始研究其他可能的替代动力来源，以延长潜艇在水面下持续作业时间，采用柴油机与电力机加上电瓶的搭配，在潜艇中携带氧化剂或者是其他不需要氧气助燃的燃料，如此一来可以在水面下驱动柴油机进行充电，或者是由新的动力来源为电瓶充电与驱动电力机。

　　尽管不依赖空气推进，大大提高了柴电动力潜艇的能力，但由于过氧化氢等氧化剂的稳定性差，使得不依赖空气推进的安全性常被质疑。实际上无论早期沃尔特试验还是二战后美国、苏联的深入研究，都出现了或多或少的事故以及问题。

　　现代不依赖空气推进装置类别主要为空气封闭柴油机、闭式循环汽轮机、斯特林闭式动力机以及燃料电池等。

　　潜艇的武器系统主要有弹道导弹、巡航导弹、反潜导弹、鱼雷、水雷武器及其控制系统和发射装置等。

　　弹道导弹是战略导弹潜艇的主要武器，用于攻击陆上重要目标，一艘战略导弹潜艇装有弹道导弹12~24枚。一艘攻击潜艇可携带巡航导弹、反潜导弹8~24枚或鱼雷12~24枚。

　　巡航导弹有战术巡航导弹和战略巡航导弹。战术巡航导弹，主要用于攻击大、中型水面舰船；战略巡航导弹主要用于攻击陆上目标。

反潜导弹是一种火箭助飞的鱼雷或深水炸弹，有的采用核装药，主要用于攻击水下潜艇。

鱼雷有自导鱼雷和线导鱼雷，主要用于对舰、对潜攻击。潜艇使用的水雷，多为沉底水雷，主要布设在敌方基地、港口和航道，用于摧毁敌方舰船。

武器控制系统多采用数字计算机，可同时计算跟踪多批目标，提供决策依据，求出最佳攻击目标的射击阵位，并计算出数个目标的射击诸元，实现武器射击指挥自动化。

潜艇的导航系统包括磁罗经、陀螺罗经、计程仪、测深仪、六分仪、航迹自绘仪、自动操舵仪和无线电、星光、卫星、惯性导航设备等。惯性导航系统能连续准确地提供潜艇在

水下的艇位和航向、航速、纵横倾角等信息。"导航星"全球定位系统使用后，潜艇在海上瞬间定位精度达10米左右。

探测设备主要有潜望镜、雷达、声呐以及雷达侦察告警接收机。潜艇在水下将潜望镜的镜头升出水面，可用目力观察海面、空中和海岸情况，测定目标的方位、距离和测算其运动要素。现代潜艇在潜望镜上安装有激光测距、热成像、微光夜视等传感器，具有夜间观察、照相和天体定位等功能。

雷达，通过雷达升降天线能在水下一定深度测定目标的方位、距离和运动要素，保证潜艇航行安全和对水面舰船实施鱼雷或导弹攻击。雷达侦察告警接收机的天线采用专门的升降桅杆或寄生于其他升降装置上，保证潜艇在潜望镜航行状态时对敌方雷达的侦察告警。

声呐是潜艇水下活动时的主要探测工具，有噪声声呐和回声声呐。噪声声呐能对舰船进行被动识别、跟踪、测向和测距；回声声呐能主动测定目标的方位、距离和运动要素。此外，还有探雷声呐、测冰声呐、识别声呐和声线轨迹仪等。

潜艇的通信设备主要有短波、超短波收发信机，甚长波收信机，卫星通信和水声通信设备等。潜艇向岸上指挥所报告情况主要利用短波通信，接收岸上指挥所电讯主要用甚长波收信机，同其他舰艇、飞机或沿岸实施近距离通信联络主要利用超短波通信。

潜艇可以利用升降天线在一定深度收信，若使用拖曳天线，能在较大深度收信。卫星通信可使潜艇通过卫星与岸上指挥所实施通信，通信距离远。

水声通信，用于同其他潜艇、水面舰艇的水下通信和识别。为保证通信的隐蔽性，潜艇一般采用单向通信方式，使用超快速通信系统，能使潜艇在极短的瞬间向岸上指挥所发信。

水声对抗设备主要有侦察声呐和水声干扰器材等。侦察声呐，用于侦察目标主动声呐发出的声波信息及其技术参数。水声干扰器材主要有水声干扰器、水声诱饵和气幕弹，用于压制、迷惑、诱开敌方声呐的跟踪或声自导鱼雷的攻击。

潜艇的救生设备有失事浮标和单人救生器等。潜艇失事时，放出失事浮标以标志潜艇失事的位置，并与外界取得联系。单人救生器可供艇员通过鱼雷发射管、指挥室或专为脱险用的救生闸套离艇出水。

在潜艇主压载水舱内还装有应急吹排水系统，潜艇失事时，可由潜艇或救生艇注入高压气体排出主压载水舱内的水，使潜艇浮出水面。

潜艇的居住生活设施包括空气再生、大气控制、放射性污染检测、温湿度调节系统、生活居住以及饮食、用水、照明、排泄、医疗等设施，用于保持艇内适宜的生存和活动环境，保障艇员健康。潜艇艇员呼吸的氧气主要来自四个方面：通气管装置、空调装置、空气再生装置和空气净化装置。

通气管装置是一种可以升降的管子，在近海海域或夜间航行时，潜艇有时上浮至潜望镜深度，在距水面几米或十几米深的地方伸出潜望镜观察水面及空中敌情，如条件允许，可将通气管升出水面，空气经管子进入潜艇舱室，舱内污浊空气可通过设在指挥台围壳后部的排气管装置用抽风机排出，使艇内空气对流，可以保持新鲜空气。

潜望镜深度在战术术语中称作危险深度，为了隐蔽起见，潜艇一般都不敢使用这种工作状态，因为它极易被敌反潜兵力发现，在近海还容易撞击或搅乱渔网等。

空调装置主要是保持艇内的温度、湿度等，使艇员有一个舒适的生活环境和工作条件，同时保证电子设备的正常工作，它本身并不能产生氧气。

空气再生装置是一种可以生成氧气的装置，它由再生风机、制氧装置、二氧化碳吸收装置等组成。工作时，风机将舱内污浊的空气经风管抽至二氧化碳吸收装置，消除二氧化碳，再在处理过的空气中加进由制氧装置产生的氧气，然后经风管送到各舱室供艇员呼吸，如此循环，以达空气再生的目的。

这种空气再生装置通常还可用电解水来制氧，它分解出的氧气可供70~100人呼吸数小时，但由于耗电过多，不适于常规潜艇。此外，还有一些预储氧气的方法，如再生药板、氧气瓶、液态氧和氧烛等。

再生药板是一种由各种化学物质及填料制成的多孔板，空气流过时，就能产生化学反应，生成氧气。一般潜艇上带的再生药板，可使用500~1500小时。

氧气瓶是将氧气储存起来的一种高压容器，使用时打开阀门即可放气，主要供潜水钟、深潜器等使用。液态氧也是一种与氧气瓶类似的高压容器，它可供100名艇员使用90天。

氧烛是一种由化学材料等制成的烛状可燃物，点燃后即可造氧。一根1尺长、直径3寸的氧烛所放出的氧气，可供40人呼吸一小时。

空气净化装置是将艇内空气中的有害气体和杂质控制在允许标准值以下的一种处理装置，常用的有以下四种：

一是消氢燃烧装置，它主要是用电加热器将流过的空气加温，然后在催化燃烧床的催化作用下使氢、氧发生化学反应而生成水蒸气，氢就被燃烧掉了。

二是有害气体燃烧装置，其工作方式与第一种基本相同，只不过它所燃烧掉的是有害气体。

三是二氧化碳净化装置，它通过一种特殊药液来吸收二氧化碳。

四是活性炭过滤器，它是用活性炭作滤料，是由特制的炭组成的多孔性吸附剂来吸收各种有害气体，进而达到净化空气的目的。

拓展阅读

猎潜艇是用于海上搜寻和攻击潜艇以及担负巡逻、警戒、护航、布雷的小型战斗舰船。吨位小，航速快，机动灵活，搜索和攻击潜艇的能力强。猎潜艇的排水量在500吨以下，航速为24～38节，有的可达50节，续航力700～3000海里，可连续航行10个昼夜。

美国长颌须鱼级常规潜艇

　　常规潜艇是指水面航行时采用柴油机推进，水下航行时以蓄电池为动力源的潜艇。核潜艇出现后，为相互区分，人们把所有不采用核动力的潜艇统称为常规潜艇。

　　常规潜艇以其良好的隐蔽性、机动性、使用经济性和造价

低廉等特点而受到世界各国海军的重视。

　　常规潜艇还有建造周期短，便于战时大批量生产，并适合执行近海作战和远洋巡逻、攻击任务等优点，由于一些国家开发了不依赖空气的动力推进装置，大大提高了潜艇的续航力，所以常规潜艇仍是各国、特别是中小国家发展的海军主战装备。

长颌须鱼级常规潜艇是美国战后建造的最后一艘常规潜艇，共3艘，于1959—1960年相继服役。进入20世纪80年代，这级潜艇相继退役，但是由于当代众多潜艇以其为原型，如日本的涡潮级常规潜艇，美国的鲣鱼级核动力攻击潜艇等，在潜艇发展史上有着重要地位。

该级潜艇利用了"大青花鱼"试验艇的线型，首次采用了水滴型艇体和攻击、导航集中控制系统。

该级艇是一种肥钝的水滴型艇体，艇艉采用十字形操纵面、大型五叶低速螺旋桨，这也是"大青花鱼"的试验结果。在新建时，采用的是可上折叠的艏水平舵，1961年改装后，改成通用围壳舵。

现代美、俄、法等各国核潜艇等一般均采用围壳舵，只有

英国核潜艇仍采用艉水平舵。常规潜艇的舵的形式各个不一，日本涡潮级潜艇在艇型和操纵面布置上是完全因袭了长颌须鱼级潜艇。

该级艇水面排水量2145吨、水下排水量2894吨；艇长66.8米，宽8.8米，吃水8.5米；动力装置采用3部4800马力的柴油机，2部3150马力的电动机；其水面航速15节、水下最大航速21节；艇艏装有6具533毫米的鱼雷发射管，可发射MK48反潜鱼雷。

该级艇一共只建造了3艘："长颌须鱼"号、"红大马哈鱼"号、"北梭鱼"号。前两艘艇被部署在美太平洋舰队，而后一艘则部署于美大西洋舰队。

拓 展 阅 读

1881年，爱尔兰裔美国人约翰·霍兰建造了一艘安装有一台15马力汽油内燃机的"霍兰－Ⅱ"型潜艇，这是世界上第一艘内燃机动力潜艇。这种潜艇还装备了鱼雷，曾在哈德逊河上成功地进行了试航。

英国支持者级常规潜艇

　　支持者级潜艇是英国建造的一型常规动力潜艇，用以取代老旧的奥白龙级潜艇，也是英国皇家海军最后一型常规动力潜艇。该级潜艇的首艇"支持者"号于1983年11月在维克斯造船有限公司巴罗因弗内斯造船厂开工建造，1986年12月2日下水，1990年6月9日服役。

　　其余3艘在维克斯造船有限公司坎默·莱尔德船厂建造。其中"隐形"号于1986年1日开工，1989年11月14日下水，1991年6月7日服役；"厄休拉"号于1987年8月开工，1991年2月28日下水，1992年5月8日服役；"长嘴鱼"号于1989年2月开工，1992年4月16日下水，1993年6月25日服役。

　　起初英国政府决定分两批建造8艘支持者级潜艇，但到了1990年，英国政府在潜艇核动力化政策下决定取消第二批支持者级潜艇的建造，只建成4艘。

　　1993年，经过一段长时间的激烈辩论后，英国政府决定在1994年年底以前，4艘支持者级潜艇陆续退出现役，出售或出租给其他国家，或者密封起来留作储备，以备战时急需。

　　英国政府做出此决定的原因是，远期规划的海军军费不允

许皇家海军将核潜艇和柴-电潜艇都保留下来，必须有一种做出牺牲，二者只取其一。

在这种情况下，核动力潜艇所具有的战略灵活性和巨大的打击威力显然更有价值。"支持者"号和"隐形"号于1994年年初退役，剩下的两艘也于当年年底退出了现役。全部4艘潜艇于1994年4月正式宣布出售，加拿大、沙特阿拉伯、智利、巴西、泰国、新加坡、巴基斯坦和印度等国都表现出购买的兴趣。

现在4艘支持者级已全部属加拿大海军所有，改名为"维多利亚"级，由英国负责使它们重新服役。其中"维多利亚"

号，就是原来的"隐形"号，于2000年底服役，其余3艘分别于2001和2002年相继服役。

支持者级潜艇的使命是用于反潜、反舰和执行其他侦察任务，既能在大陆架和浅海区活动，又能到北大西洋作战，从热带海区到北极海区均能适应，是一级充分吸取了核潜艇研制的成功经验和先进技术，性能良好的远洋作战潜艇。

支持者级潜艇的艇体长70.3米，宽7.6米，吃水5.5米。水面排水量2168吨，水下排水量2455吨。水面航速为12节，水下航速20节，通气管航速12节。以8节航速在通气管状态下航行时续航力为8000海里，续航时间49天。艇员编制47人，其中军官7名。

支持者级潜艇采用西方国家惯用的水滴形艇型和单壳体结构，与英国核潜艇很相似。小长宽比，7叶单桨，具有较好的推进性能与机动性。耐压艇体采用NQ-1高强度钢制造，两端采用球形模压封头，首、尾端为非耐压艇体，布置有主压载水舱等。最大潜深200米。

该级潜艇的指挥台围壳为流线型，其结构由钢质构架和玻璃钢外板构成，以减少重量和易于维修，其内布置有潜望镜、雷达和无线电通信天线、柴油机进排气导流罩等各种升降装置。

耐压艇体内由两道耐压水密舱壁将艇体分为3个舱室，即首舱、中央舱和尾舱。首舱和中央舱均为双层甲板三层布置，舱室较短。

首舱上层为鱼雷舱，中层为艇员居住舱，下层为1号蓄电池舱，布置有两组铅酸蓄电池，每组240块电池，其两侧是燃油舱。首舱内还设有3个出入舱口，即首部的斜向鱼雷装载舱口、中部的出入舱口和尾部的逃生舱口；中央舱上层为指挥控制室，中层为舱员住舱和辅机舱，下层为1号电池舱，中央舱顶部设有2个出入舱口。

尾舱为单层甲板结构的动力舱，上部布置有柴油机、滑油舱、循环油舱、污水舱和靠尾部的尾纵倾平衡水舱，尾舱设有两个出入舱口。

支持者级潜艇采用单轴柴－电推进方式。艇上装有2套英国帕克斯曼公司的16SZ柴油机，持续功率2700千瓦；2台英国通用电气公司生产的交流发电机，功率2800千瓦；1台通用电气公司生产的主推进电机，功率4000千瓦。

支持者级潜艇首部装有6具533毫米鱼雷发射管，分两排布置，上排2具，下排4具，采用了新型的空气涡轮泵旋转液压动力发射系统，发射马可尼公司生产的线导加主、被动声自导的"虎鱼"鱼雷。

该鱼雷主动声自导时航速35节，航程13千米，被动声自导时航速24节，航程29千米；弹头重134千克，备雷12枚。该鱼雷既可反潜又可反舰。鱼雷发射管还能发射水雷和麦道公司生产的潜射"鱼叉"反舰导弹，主动雷达寻的，射程130千米，弹头重227千克。

艇上装备有DCC作战情报指控系统，该系统为"特拉法尔加"级攻击型核潜艇上的DCB系统的改进型，可以集中处理和显示来自传感器的信息，具有同时跟踪35个目标和解算4个目标射击诸元的能力，可为4枚鱼雷提供制导，攻击4个不同的目标。

该级潜艇装备了多功能综合声呐系统，主要包括汤姆逊·辛特拉公司的2040型警戒声呐，被动搜索和截获，中频；2007型被动舷侧阵声呐，低频；2026型或2046型拖曳线列阵声呐，被动搜索，甚低频；2041型被动测距声呐。雷达包括1部1007型对海搜索雷达，I波段。

支持者级攻击型常规潜艇充分吸取了英国核潜艇研制的成功经验和先进技术，成功地解决了研制和试航过程中出现的一系列问题，被认为是一级高性能的远洋作战潜艇。

该潜艇作战范围广泛，机动性好，既适合在浅海活动，还能到深海作战；可携带多种武器，既能执行反潜任务，又能进行水面反舰作战。

拓展阅读

支持者级攻击型常规潜艇航速高、续航力大、隐身性能好，并具有良好的居住性能。另外，该潜艇武器系统威力大、潜艇操纵自动化水平高、作战系统性能良好，这些特点决定了它是世界上最先进的柴-电潜艇之一。

澳大利亚柯林斯级潜艇

　　柯林斯级潜艇是澳大利亚建造的一型常规动力潜艇，是全世界常规潜艇中能力最强的一种潜艇。在水中航行时，其他舰艇和潜艇几乎无法发现它的踪迹。

　　澳大利亚海军成立之初，主要依靠英国海军的潜艇担任海上防务。直到20世纪60年代，他们才购买了6艘英国退役的奥白龙级常规潜艇，建立了自己的潜艇部队。

　　20世纪80年代，澳大利亚政府筹措40亿澳元巨款，决定研制新一代常规潜艇。1987年，由瑞典考库姆公司与澳大利亚3个公司组成的澳大利亚潜艇公司签订了建造6艘柯林斯级潜艇的合同，由该公司位于澳大利亚南部的阿德莱德造船厂承担建造任务。

　　柯林斯级潜艇首艇"柯林斯"号于1989年分首尾两段在瑞典考库姆公司船厂建造，1993年运抵澳大利亚，艇体的其他部分均在澳大利亚建造。该艇于1993年8月28日下水，1996年7月27日服役。

　　第二艘"法恩科姆"号于1991年3月开工，1995年下水，1998年服役。3号艇1999年服役，4号艇和5号艇于2001年服役，6号艇2003年3月服役。

柯林斯级潜艇采用的是单壳体结构，2层连续甲板，壳体寿命30年。为了增强对抗最先进潜艇的能力，低噪声是该级潜艇设计时的一项特别重要的指标。为了提高总体性能，降低艇体重量，该艇艇体是用瑞典产的抗拉伸高强度钢制成的。

该级艇采用圆钝首、尖锥尾的过渡形线型。外形类似于放大了的瑞典A17级潜艇。流线型指挥台围壳上装有水平舵。整个艇仅首端和尾端设有主压载水舱，中部为单壳体。带有脱险筒的双层耐压隔壁将整个耐压船体分隔成2个水密舱。

该级艇采用的大分舱结构，给总体布置带来了更大的灵活性，使舱室得到更充分的合理利用，有助于改善潜艇的适居性。该艇的自动化水平较高，其自动操纵系统装有新型微机，且与全艇串行数据总线相连，组成微机网络。

该系统具有控制艇的机动、均衡、推进装置、电能消耗和监视以及故障报警等功能。操纵系统只需单人操纵，比瑞典的SCC-200系统还要先进。作战系统和动力系统的控制自动化，使艇员编制减少到42人。

柯林斯级潜艇采用柴-电推进系统驱动单轴螺旋桨。动力推进系统由3台"海特莫特"柴油发电机组、4组"瓦尔塔"铅酸电池以及1台"热蒙施奈德"3兆瓦双电枢主推进电机组成。

艇上还装了瑞典SAAB公司制造的舰艇控制、监视和管理综合系统。该系统使用由串行数据总线连接的若干分布式微处理机，对潜艇的机动排水量、动力、推进、后勤支援和安全报警进行监视和管理，同时还用来排除管理系统的故障。

　　柯林斯级潜艇装备有先进的作战系统，能自动探测1000个目标，自动跟踪200个目标，对25个以上目标进行定位。同时指挥攻击目标的数量主要受到艇上发射数量的限制。

　　该系统主要有两大功能，第一是监测，包括目标的探测、分类、跟踪、来自传感器的全部数据的管理以及绘制整体作战图像；第二是威胁预测，包括目标的威胁估计、本艇运动的分析、最佳机动建议、武器攻击时的最佳配置选择及武器的自动发射等。

　　柯林斯级潜艇配备有6个直径为533毫米的鱼雷发射管，分3组布置在左右两舷，每舷的发射管均可单独操作。发射、控制和操作设备均有备份。共可发射鱼叉潜射反舰导弹和 MK484型鱼雷23枚，配备44枚水雷，武器威力较为强大。

　　柯林斯级潜艇的水声系统包括8个基阵和10个信号机柜。

艇首是大型被动接收圆柱阵，艇舷两侧装有线列阵，围壳顶端前部装有主动发射圈柱阵，艇舷两侧接近上层建筑外还装有分布或噪声测距阵，围壳中部两侧装有水下通信基阵，两侧从首至尾分散布置有自噪声监测基阵。

柯林斯级潜艇使用的是法国汤姆逊公司的"希拉"综合声呐系统。该系统以2组处理机为基础，由一套通用的硬件和软件构成，可进行多种重新组合。它采用最先进的信号和数据处理算法、特定波束成形、抗干扰、脉冲抑制和目标识别等先进技术。该系统是现役常规潜艇装备同类系统中性能最先进的，包括艇首声呐、侧面阵声呐和被动拖曳声呐，具有探测距离远、自动探测和跟踪、抗干扰、能分辨假目标等特点。

柯林斯级潜艇是澳大利亚海军进入21世纪的海防主力，其主要使命是反舰、反潜、警戒、收集情报、布雷和执行特种作战任务，活动海区远远超出大洋洲海域。

拓 展 阅 读

柯林斯级潜艇艇长77.5米，艇宽7.8米；水面排水量3051吨，水下排水量3353吨；水面航速10节，水下航速20节；潜深300米。续航力水面11500海里/10节，水下9000海里/10节。

俄罗斯拉达级常规潜艇

拉达级潜艇，又称677型潜艇或圣彼得堡级潜艇，是俄罗斯自苏联解体后研制的第一级柴电潜艇，也是二战后苏联/俄罗斯的第四代常规动力潜艇。

拉达级潜艇主要用于攻击敌方潜艇、水面舰艇和船只，也可以作为一个执行多种任务的平台，保护己方海军基地、沿海沿岸设施和海上交通基础设施，另外还可以执行布雷、特种作战部队部署和情报侦察任务。

拉达级的研制工作可追溯到20世纪80年代末。1989年，苏联海军授予红宝石设计局一份合同，委托其负责设计新的第四代常规潜艇。

由于苏联的解体，国内需求大大减少，为了生存，设计局把目光主要投向国外，在设计时从小型潜艇着手，希望能在国际市场上找到买家。

基于这种思想，根据不同用户需求，红宝石设计局最终完成了一个拉达级潜艇出口型家族的设计工作。他们以标准排水量的不同分别将潜艇命名为550、750、950、1450、1650和1850型，这是俄罗斯潜艇发展史上的第一次。

　　所有型号的潜艇均采用相同的设计和整体布局，使用统一的设备，主要差别在于潜艇的外形尺寸不同以及由此带来的潜艇武器数量、海上自持力、续航力及艇员编制上的差异。

　　出口型家族统称为阿穆尔级，在这个出口型家族中，阿穆尔1650型具有最大的出口潜力，也是跟内销型拉达级基本一致的型号，主要区别在于动力装置、反舰导弹系统、通信系统和所需人员编制有所不同。由于阿穆尔级潜艇采用模块化系列设计，可根据不同需要建造相应吨位的潜艇，因此具有较高的性价比。

　　在该级艇的研制过程中，红宝石设计局吸收了俄罗斯海军和世界上不同海域国家海军使用W级即613型、F级即641型、T级即641B型和基洛级多年的经验。出口型阿穆尔级上的设备和武器有的是在俄罗斯生产的，有的是在购买国生产的，还有的

是在第三国生产的。

1997年12月26日，位于圣彼得堡的海军上将造船厂开工建造首艘内销型拉达级潜艇"圣彼得堡"号，装备俄罗斯海军。1998年该厂又开工建造一艘阿穆尔1650潜艇，准备出口到印度。

该级艇一反苏联/俄罗斯潜艇采用双壳体传统，采用西方国家常用的单双壳混合结构，首尾采用双壳体结构，中间采用单壳体结构，这在俄罗斯常规潜艇设计上是一个新突破。艇体外表面光顺，无明显突出体。

非耐压壳体上的流水孔由基洛级的长孔形变为缝隙式，进一步减小了水流阻力。首水平舵也由基洛级的上甲板上移到了指挥台围壳上，这种布置阻力很小，因此无论何时水平舵都不用缩进艇内，大大节省了艇内空间。尾部采用十字形操纵面。

拉达级潜艇吸收了基洛级潜艇成功的技术和经验，精心地进行了安静化综合设计，特别是被基洛级636型证明行之有效的降噪技术在该艇上进一步得到完善利用。

该级艇选用了更多专门研制的低噪声、低振动设备，大大减少了振动噪声源；设备的安装大量地采用了浮筏减振降噪装置，从而有效降低了设备的振动和噪声向壳体的传递；在艇内布置的各种管路上广泛采用了挠性连管、消声扩散器、阻尼橡胶层、阻尼支承和吊架、套袖式复合橡胶管等减振隔声装置，减小了管路振动和噪声传递。

艇上的结构和设备上也大量采用各种消振元件和阻尼材料，吸收消耗了结构和设备的部分振动能量；整个艇体的外形采用了水滴形流线外形，几乎接近最小阻力外形，亦是最小噪声外形；推进装置采用了7叶大侧斜低噪声螺旋桨并改进了推进轴，大大减小了水动力噪声和螺旋桨噪声。

为了增强隐身能力，艇体外加装了消声瓦，既能有效地吸收敌方主动声呐的探测声波，从而降低敌声呐的探测距离，又能抑制艇壳的振动，隔离内部噪声向艇外辐射，改善了本艇声呐的工作条件，使声呐的作用距离获得较大的提高。

经过以上的一系列措施，拉达级的噪声水平降低至90分贝以下，比基洛级还要低30分贝，使拉达级潜艇成为比有"深海黑洞"之称的基洛级更安静的水下猎手。

在设计方面，该级艇取消了外露设备，实在无法取消的也换成了升降式，使其被雷达侦察到的概率大为降低。

拉达级潜艇的外形尺寸和排水量均小于基洛级，所以水面机动能力优于基洛级。拉达级首艇采用的是单轴柴电推进方式，装有2套柴油发电机组，每台功率2500千瓦；1台主推进电机，输出功率4100千瓦。

虽然受舱内空间大小的限制，所能携带的燃料要少，最大续航力不如基洛级，但拉达级可以根据用户的需求，在潜艇建造期间或进行现代化改装时加装专门设计的AIP系统，即两套氧-氢型燃料电池组。

这种新型柴电推进系统被设置在一个长12米的模块化舱段中，改装时可以很方便地加装。常规潜艇水下航行依靠电池组提供能量，一般只能在水下连续航行3~5天就必须浮出水面为电池组充电；而拉达级潜艇的燃料电池组可使潜艇在水下连续航行时间达15天以上，是包括基洛级在内的一般常规潜艇的3倍，大大提高了潜艇水下机动能力和作战效能。

该级潜艇的声呐系统在基洛级基础上得到进一步改进，探测距离和精度均有所提高。该级潜艇装备俄罗斯研制的"利蒂"综合作战系统，其中包括艇首高灵敏度的噪声、测向声呐系统和艇尾的拖曳阵列声呐系统。噪声、测向声呐的基阵覆盖了艇首前端的大部分表面，当时世界上类似的潜艇还没有装备像拉达级潜艇覆盖面积如此大的声呐基阵。

该噪声、测向声呐可完成水中全方位探测、警戒监视、跟踪定位和攻击等任务，具有同时跟踪4个以上不同目标的能力。由于该级潜艇自身的噪声非常小，该声呐系统以主动方式探测敌方水面舰艇的距离超过60千米，以被动方式探测敌方水面舰艇的距离为20千米。

　　该级潜艇计划安装的拖曳阵列声呐系统是基洛级636型潜艇上使用的MGK-400EM或是其改进型，该系统在低频段工作时的探测距离高达100千米以上。总体来讲，其探测能力不仅能够确保首先发现对方目标，而且使己方有足够时间选择时机和不同的武器来发起攻击。

　　该级艇还装备有多根可伸缩桅杆和攻击潜望镜。1部观察桅杆可装备电视摄像头、红外成像仪和激光测距仪，以保证在任何时候都能进行观测。1部天线用于接收卫星导航系统信号，同时还有1部天线用于接收无线电信号。1部攻击潜望镜具有目视和低可见光电视通路，并且多用途潜望镜采用了非穿透耐压壳技术。1部对海搜索雷达系统可完成自动标图和解决航行问题等任务，目标探测距离、隐蔽性、精确性都有所提高。

　　复合导航装置包括1套小型惯性导航系统，可保证航行安全并确定发射导弹所需要的潜艇运动参数。无线电通信装备还包括1部可释放无线电天线，可在水下100米不被探测到的情况下接收指令和信息，这是一种新型水下接收岸上信号的无线电信息系统。

　　拉达级的作战武器系统在基洛级的基础上做了进一步改进提高。作战情报指挥系统采用了新型计算机，处理能力加强，体积重量减小，自动化程度提高，全艇系统也实现了高度自动化的中央控制管理。

　　火控系统能同时解算和攻击两个目标，从目标识别到攻击的最短时间只有15秒，一次齐射全部鱼雷的时间仅为数分钟。该级艇的作战性能比第三代常规潜艇提高了2~3倍。该级艇最

令西方国家感到畏惧的是艇上强大、众多的武器装备，艇载武器共有18枚。

该级潜艇装备6具533毫米鱼雷发射管，可用来发射"俱乐部-N"潜射反舰导弹，改进型SET-80反潜反舰两用鱼雷、SS-N-15中程反潜和SS-N-16远程反潜导弹，甚至可根据用户需要，把俄罗斯最新的"暴风"超高速鱼雷、SS-N-25"天王星"和SS-N-26"宝石"反舰导弹装备在该级潜艇上。如果不带导弹和鱼雷，也可携带水雷执行布雷任务。

该级艇的一大特点是可同时对不同目标进行导弹攻击。为了增强攻击能力，武器发射具有单射和齐射各种组合功能，首次两枚鱼雷齐射的准备时间只需几秒钟。

该级艇上装备的快速装填装置更是令西方常规潜艇望尘莫及，能在不足5分钟内完成重装雷弹动作。特别值得一提的是，拉达级潜艇设有外挂式布雷装置和接口，供艇执行布雷任务时使用。另外，该艇还装有移动式诱饵等多种声对抗防御系统，用于对抗鱼雷攻击。因此，拉达级潜艇的攻防能力较强，可灵活地执行各种战斗任务。

据说，卖给印度的艇型还可能在指挥台围壳后加装一个垂直发射舱段，长7米，可以容纳8具垂直发射管，用于发射最大射程达290千米的"布拉莫斯"反舰巡航导弹。

该级艇良好的生活条件令人注目。所有艇员都住在乘员舱内。厨房和起居室装备先进，十分便利。有效的通风和空调系统是专门设计的，可用于在热带海域执行任务。艇上还安装有蒸馏机，可用来补充淡水储备。基于以上技术性能，费用低但作战性能强的拉达级潜艇将很快取代基洛级潜艇，成为国际常规潜艇市场上迅速升起的一颗新星。

拓 展 阅 读

拉达级水面排水量1765吨，水下排水量2650吨；长68米，艇宽7.2米，吃水4.4米；水下最大航速21节，水面航速10节；最大潜深为300米；水下3节航速时续航力为650海里，通气管状态7节航速时为6000海里；人员编制37人。

中国039型宋级潜艇

中国海军装备的最新一代国产常规动力攻击潜艇，代号039型，西方称为宋级。宋级潜艇的各项指标都达到世界先进水平。它最早引起世人瞩目，是在1994年5月，当时美国侦察卫星发现一艘新型常规潜艇从武昌造船厂下水。这就是我国从20世纪80年代中期开始研制的039型潜艇，现在已经成为我国海军现役的最重要的艇种之一。

宋级潜艇的艇长74.9米，宽8.4米，吃水5.3米。水面排水量1700吨，水下排水量2250吨；水上航速15节，水下22节；舰员编制60名，其中军官10名。

20世纪80年代初，中国海军装备有大量仿制的033型常规潜艇和少量自制的035型常规潜艇。但这两种潜艇技术落后，无法适应现代战争的需要。

当时，中国海军对新潜艇提出的技术战术要求：艇体为水滴线形，以获较高水下航速和较小流体噪音；采用单轴七叶高弯角螺旋桨推进器，以减少航行噪音；使用数字化声呐和显示设备，以提高情报处理能力，并实现指挥控制自动化；配备性能先进的线导反潜鱼雷和新型鱼雷发射装置，以具备反潜和反舰双重作战能力；配备潜射反舰导弹和潜射反潜鱼雷，以适应现代海战的需要。

同时，为吸取核潜艇配套武器研制严重拖后的教训，特别强调海军武器装备研制必须做到"五个成套"，即成套论证、成套设计、成套定型、成套生产、成套交付使用的原则。

20世纪80年代中期，宋级潜艇的研制工作全面展开，1999年5月首艇正式交付海军使用。相配套武器的研制也进展顺利，潜射型"鹰击一号"反舰导弹在20世纪80年代后期已配备汉级核潜艇，"鱼五型"线导鱼雷则在90年代初研制成功，潜射型"长缨一号"反潜导弹也在20世纪90年代中期试射成功。所以，当宋级潜艇首艇在1994年下水时，主要配套武器也基本

研制成功。

宋级潜艇配备的武器系统相当齐全，具有在全深度发射线导鱼雷、自导鱼雷、反舰导弹和布放水雷的多种作战能力。在鱼雷方面，装备有"鱼五型"反潜鱼雷和"鱼四型"反舰鱼雷。前者是中国海军装备的第一种线导鱼雷，也是中国常规潜艇装备的第一种反潜鱼雷。

该型鱼雷弹径533毫米，使用先进的奥图式热动力推进系统，采用线导加主被动声导联合制导方式，最高航速达50节，最大航程30千米，战斗部205千克，可有效对付核潜艇。

为发射"鱼五型"线导鱼雷，宋级潜艇装有新型的鱼雷发射装置。在6个鱼雷发射管中，两个发射管可发射"鱼五型"

线导鱼雷。"鱼四型"则为电动声导反舰鱼雷，战斗部400千克，最高航速可达40节，最大航程15千米。

在此之前，中国海军只有一种可使用的反潜鱼雷，即"鱼三型"声自导鱼雷。但该鱼雷只能由夏级和汉级核潜艇使用，不能装备常规潜艇。033型和早期035型潜艇仅配有反舰鱼雷，而无反潜鱼雷，只能对水面舰船作战，而无对潜艇作战能力。配备"鱼五型"鱼雷后，中国海军常规潜艇才第一次具备了反潜作战能力。

宋级潜艇还装备有可从鱼雷管发射的潜射反舰和反潜导弹。潜射"鹰击一号"导弹最大射程45千米，弹头165千克，可有效攻击中小型水面舰艇；"长缨一号"反潜导弹的最大射

程约20千米，弹头为仿制的MK46反潜鱼雷。

配备潜射反舰导弹和反潜导弹之后，宋级潜艇的作战能力和生存能力大为增强，可从远距离攻击敌水面舰艇和水下潜艇，而不必因过度接近敌舰艇而被发现。未来潜射型"鹰击二号"反舰导弹研制成功后，宋级潜艇对水面舰船攻击距离将会超过100千米。

在武器分配上，宋级潜艇艇首装有6具鱼雷发射装置，具有全深度发射武器和布放水雷的能力，其中两具可发射线导鱼雷，其他可发射声自导鱼雷和潜射导弹。最大武器携带量为18枚，通常为6枚线导鱼雷、6枚声导鱼雷、6枚潜射导弹，水雷则可携带30枚。

宋级潜艇的声呐系统主要有一套装设在艇首的中频主被动搜索与攻击舰壳声呐，一套为装设在舷侧的被动低频搜索声呐阵，另配备拖曳式被动声呐系统。宋级潜艇的光电桅杆系统非常先进。光电探测系统包括电视摄像机、红外成像仪以及激光测距器等，还配有平面搜索雷达和雷达告警系统等。

艇中作战指挥系统也已高度数字化和自动化，所有探测系统与武器系统均整合在一起，作战性能大提高。宋级潜艇配备的新一代探测设备，作战指挥系统功能齐全，自动化程度很高，快速反应能力、搜索和跟踪能力很强，有较高的方位分辨率，对作战全过程可实施集中指挥和对多种武器的综合控制，并可在一定距离上对来袭鱼雷报警。

宋级潜艇是中国常规潜艇发展的一大突破，第一次使用单轴七叶高弯角螺旋桨推进器；第一次装设了数字显示声呐、光电桅杆以及整合式的自动化指挥系统；第一次配备线导反潜鱼雷；第一次配备潜射反舰导弹；第一次配备潜射反潜鱼雷。

宋级潜艇首艇于1995年开始进行大量的海上测试。测试进行了近3年，其间发现了新艇存在着一些设计缺陷及没有达标的性能指标。发现的主要问题有：

新艇的稳定性没有达到设计标准。这是由于指挥台的高度过高以及指挥台的梯形外形，使潜艇航行重心增高及航行阻力增加。

噪声水平没有满足设计标准。由于在潜艇的外形设计上及内部降噪措施上存在着一些不足，使潜艇的噪声水平虽比明级潜艇有了很大的降低，但与世界其他先进常规潜艇相比还有一定差距。

数据表明，经重大改进的新宋级改型潜艇的整体技术水平及性能达到或高于日本的春潮级、英国的支持者级及德国的209-1400型潜艇。

拓展阅读

改进后的039型潜艇在艇体表面敷设了类似俄罗斯基洛级使用的消声瓦等降噪措施后，潜艇的静音水平优于中国早期各型常规潜艇，更接近90分贝的海洋安静背景噪音，从而提高了作战隐蔽性。

中国新型元级常规潜艇

元级常规潜艇是中国自主研制的第三代常规动力潜艇，集成了较多新技术并装配了AIP混合动力系统，使中国潜艇第一次达到了世界最新常规潜艇水平。而元级潜艇的批量生产也表明中国潜艇工业已开始成熟，这也将使未来中国潜艇在静音性方面会得到更快的发展。

中国目前的常规潜艇主力为039型艇，其设计时间始于20世纪80年代中期，设计要求也体现了20世纪80年代中后期的技术特点。在动力形式上依然使用了柴油机、蓄电池、推进电机组成的常规动力形式，在线型上也采用了20世纪七八十年代流行的过渡型艇型。

但随着时间的推移，国际新一代常规潜艇在动力形式上开始向AIP混合动力方向发展，在线型与总体布局上也开始抛弃水下航行性能一般的过渡型艇型，而采用水滴型、雪茄型等水下航行性能好的先进线型。与此相比，039型常规潜艇就有了较明显的差距。

为了扭转这种局面，中国潜艇需赶超世界先进水平。由于有了第二代039型常规潜艇的研发经验，元级新型艇的研发过程显得非常顺利。其研发时间短、设计要求高、使用的新技术多，超过了第二代039型艇。这让元级潜艇站到了世界先进常规潜艇的水平线上，中国自此拥有了设计制造世界先进水平常规潜艇的能力。

元级新艇放弃了第二代常规潜艇039上使用的过渡型艇型，采用国际先进常规潜艇所普遍使用的水滴线型。元级艇艏部圆钝，舯部为轴对称的圆柱体，尾部为回转体锥尾，并采用了单轴单桨推进形式和十字形尾操作面结构。相对于039型艇的过渡线型，元级艇的水下航行阻力更小，快速性更好。

其圆钝状的艏部不仅降低了新型艇水下航行时的形状阻力，改善了潜艇的快速性。较大的艏部空间，也为布置大体积的声呐探测基阵，提供了良好的条件。

艇舯部呈轴对称的圆柱状结构很好地保证了线型的光顺度，其艇表突出物很少，水下航行摩擦阻力小，快速性好。

在尾部布局上，元级依然采用了成熟的回转体锥尾和十字舵布局，并结合单轴单桨推进形式，保证了元级艇良好的推进效率，为螺旋桨提供了均匀的伴流场，解决了以往老式潜艇采用的多轴多桨水面线型尾，带来的斜流与不均匀流场导致的螺

旋桨振动过大，螺旋桨噪音较高的问题。

元级围壳正面投影为梯形，与日本的亲、苍龙、英国的凯旋等新型艇围壳造型相似。其高度与039型艇围壳相比较低矮，正横面积不大较为瘦窄。围壳的位置也更接近艇艏部，这些设计形式都与先进潜艇围壳设计形式的潮流较为符合。

元级低矮的围壳高度和较小的正横面积有效减小了围壳体积，对于潜艇来说附体阻力占据总艇体阻力的15%，为主要阻力成分。而围壳是艇体上最大的附体结构，较小的围壳体积能够降低其附体阻力值与摩擦阻力值，这对改善元级艇的水下快速性意义重大。同时围壳也是潜艇上声反射强度最高区域，减小了围壳的湿表面积，也改善了整艇的声隐蔽性。

元级艇的围壳位置更靠近艇艏部，这让围壳舵的舵效更高，垂直面机动能力更好。根据美国的研究，围壳位置接近艏部对于改善潜艇水下回转性能有利，所以美国攻击核潜艇自688型洛杉矶级开始，围壳位置越来越向艏部靠近，元级艇也紧跟这一世界潮流，显示了中国在潜艇线型研究方面，紧跟世界先进设计步伐的决心与能力。

039的围壳因为其设计成熟度差，后期虽然经过批次改进有所改善，但也造成了围壳面积过大等问题。元级新型围壳的出现，彻底扭转了中国在常规潜艇围壳线型设计上的滞后局面，也说明中国在潜艇总体线型设计上已经趋于成熟。

总的来说，元级由于在线型设计上的较大突破，使其在水下快速性、机动性、声隐蔽性都得到很大程度的提高。其线形性能已经与世界先进常规潜艇的线型处于同一水平线上，这是中国潜艇设计人员通过多年努力的成果，意义重大。

中国在039型常规潜艇上，使用了整艇敷设消声瓦的措施，大大改善了039型艇的静音水平。039型艇以固定螺栓作为紧固消声瓦的工装物，而固定螺栓一般以金属材料为主，其尾部又通常以焊接形式硬性与潜艇壳体连接，所以固定螺栓也成了消声瓦上的声泄露通道。

039型艇的固定螺栓较大，其表面用特殊涂料加以填充，但固定螺栓还是导致噪声外泄。相比较元级艇采用的固定螺栓就非常小，整艇工装物声泄露值的降低，对于元级艇的静音性能的提高也会有很好的帮助。

在消声瓦黏合工艺上，元级艇的黏合工艺也大大改进，与039型艇上消声瓦间较大的黏合缝隙相比，元艇的消声瓦敷设工艺非常好，瓦与瓦之间的结合度紧密，黏结缝隙非常细小，整个敷设消声瓦的艇表，光洁度很高。

跟日本的亲、苍龙级潜艇相比，元级艇的消声瓦敷设工艺更出色，光顺性也更好。这对元级潜艇来说，不仅能更好地提高消声瓦的工作性能，也会改善艇表面的光顺度，降低艇表粗糙度附加值，进一步降低整艇的摩擦阻力，提高潜艇的水下快速性。

039型艇因为采用过渡型艇型，其首部为直立艏柱的过渡型艏，艏部在安排了6具鱼雷发射管后，上下用于安置声呐基阵的空间已不大。

元级艇的水滴线型艏部圆钝，艏部空间充裕，艇艏上部用于布置6具鱼雷发射管后，艇艏下部还有较大空间安置声呐基阵。因此元级艇在艏部可以布置体积大、发射功率高、空间增益好、工作频率低、探测距离更远的新型综合声呐，大大提高了元级艇的搜索与跟踪距离。

元级艇在舷侧还布置了新型舷侧测距声呐，通过布置在两舷平行于艏艉线上的3组换能器阵，利用噪声信号到达各换能器组的相位差，元级即可快速计算出目标的距离信息。

这避免了以前中国没有装备舷侧测距声呐的老式潜艇通过整艇机动数个阵位才能计算目标距离的情况，减少了中国潜艇攻击目标时用于探测、计算目标方位的时间，有效提高了中国常规潜艇的快速反应、快速打击能力。

动力系统方面，中船711所通过努力已经实现了斯特林热

气机的国产化，根据最近几年公开的信息表明，该所研制的国产化斯特林热气机已经装艇实用，并于2003年左右进行了相关实艇实装测试工作。

而从各科研院所与官方透露的信息来看，元级艇已经装备了711所生产的国产型斯特林热气机，其性能应该与瑞典哥特兰级装备的V4-275R系列热气机相接近。

瑞典生产的单台V4-275R热气机的持续功率为65千瓦，最高输出功率达到75千瓦。哥特兰级在装备了两台热气机后，除了能保证该艇水下航行时照明、艇上电子设备等75~85千瓦耗电之需，剩余功率还能使该艇以4-6节的经济航速在水下连续航行2周。

元级艇吨位较哥特兰级更大，其相对充裕的空间也具备了布置更多台热气机的能力，相应的扩充液氧储存装置的容量后，即可获得比哥特兰级更优秀的水下续航力，这对元级艇来说，意义是非凡的。

以往中国常规潜艇如035艇，在水下航行依靠蓄电池供电。即使以4节左右的经济航速航行，其水下最大续航力也只能达到300海里左右。

一旦蓄电池电量告罄，必须升起通气管进行长时间的充电。当通气管升出水面后潜艇暴露率就急剧增高，美日装备的P3C反潜巡逻机使用的水面搜索雷达，能在50千米外就探测到常规潜艇的通气管。

不仅如此，柴油发电机工作时通过通气管辐射的噪声，以及通气管尾迹流在海面造成的红外、磁场、温度异变等，都很容易被现代发达的反潜探测技术侦察到。

元级艇此次装备了热气机AIP动力，使限制中国常规潜艇水下连续作战的瓶颈被打破，潜在对手国家通过设置300~600海里的连续巡逻反潜线和探测通气管暴露特征来发现中国常规潜艇的战术彻底失效。元级艇通过水下2周左右的连续静音巡航，突破潜在敌对国家反潜封锁线的成功率也大大提升，其作战水域、攻击区域都有成倍的增长。这让中国常规潜艇部队的作战效能出现质的飞跃，并显著提高中国潜艇部队在战时，对潜在敌对国家进行破交、侦察、布雷等作战行动的有效性。

元级潜艇自1990年开始设计，首艇2004年5月31日下水，2005—2006年期间服役，2号艇于2004年12月下水，至2013年已建成服役约11艘，全部在役。

拓展阅读

元级潜艇主尺度为77.6米×8.4米×5.5米，水面排水量2300~2600吨，水下排水量3600吨，极限潜深300米，艇员编制65人，采用AIP混合动力，柴电推进，单轴单桨，水面极速12节，水下极速20节。